AF261780

DESCRIPTION

DES

OSSEMENTS DE FELIS SPELÆA

DÉCOUVERTS

DANS LA CAVERNE DE LHERM (Ariége)

PAR MM.

E. FILHOL

Professeur à la Faculté des sciences de Toulouse,

ET

Henri FILHOL

Membre des Sociétés de géologie et d'anthropologie de Paris

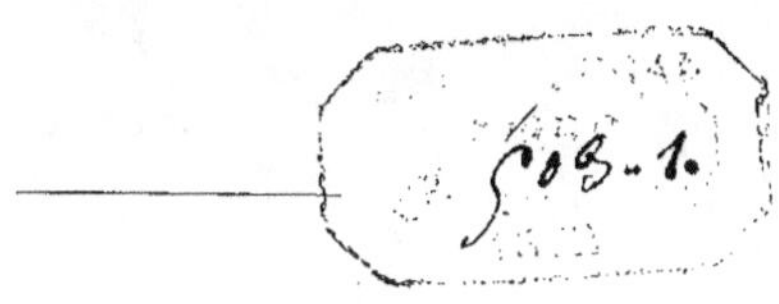

PARIS

VICTOR MASSON ET FILS

PLACE DE L'ÉCOLE-DE-MÉDECINE

1871

DESCRIPTION

DES

OSSEMENTS DE *FELIS SPELÆA*

DÉCOUVERTS DANS LA CAVERNE DE LHERM (Ariége).

Par MM. E. FILHOL,
Professeur à la Faculté des sciences de Toulouse,

Et Henri FILHOL.
Membre des Sociétés de géologie et d'anthropologie de Paris.

HISTORIQUE.

Parmi les explorateurs qui ont fouillé le sol des cavernes à ossements, il en est plusieurs qui ont découvert, à côté des restes de l'Ours des cavernes, des ossements d'un animal du genre *Felis*, dont la taille égale quelquefois et dépasse souvent celle des plus grands Lions ou des plus grands Tigres de l'époque actuelle.

Le grand Chat des cavernes paraît d'ailleurs avoir été infiniment moins répandu que l'Ours, car on ne rencontre que rarement des portions assez bien conservées de son squelette. Ainsi, tandis que nos fouilles dans la caverne de Lherm nous ont fourni au moins cent crânes d'Ours, et en outre les autres os en quantité suffisante pour que nous ayons pu reconstituer sept squelettes assez complets de cet animal, nous n'avons découvert, après des recherches continuées pendant six ans, qu'une tête de grand Chat des cavernes et environ deux cent cinquante os du tronc ou des membres.

Plusieurs auteurs ont décrit ou figuré des fragments plus ou moins importants de *Felis spelæa* provenant de diverses contrées, dont les uns ont été trouvés dans les cavernes et les autres dans des terrains d'alluvion.

Leibnitz a représenté dans son *Protogea* un fragment de crâne d'un animal qu'il compare à un Lion ou à un Tigre.

Esper le considère comme semblable à celui d'un Lion.

Sœmmering dit qu'il ressemble à un Lion de moyenne taille.

Goldfuss a soigneusement décrit (1) un crâne entier de grand Chat trouvé en Allemagne dans la caverne de Gaylenreuth ; il l'a considéré comme provenant d'un animal distinct du Tigre ou du Lion actuel, et il lui a donné le nom de *Felis spelœa*. Les caractères qu'il lui attribue sont fort nombreux ; nous ne rappellerons que les plus essentiels, qui sont :

1° Une taille supérieure à celle de nos plus grands Lions et de nos plus grands Tigres.

2° Une courbure plus douce et plus uniforme du profil supérieur.

3° Un front large et plat. Chez le *Felis spelœa*, le culmen est dans la moitié antérieure de la tête.

4° Une crête sagittale courte.

5° Plus de largeur vers les apophyses postorbitaires et plus d'étroitesse vers les tempes.

A ces caractères Cuvier en ajoute d'autres, savoir :

1° Une plus grande hauteur de l'arcade zygomatique.

2° Un trou sous-orbitaire plus petit et plus éloigné du bord de l'orbite que chez les Lions et les Tigres.

3° L'absence de la première avant-molaire supérieure.

4° Une plus grande hauteur du corps de la mandibule sous la troisième molaire.

5° Une inclinaison plus grande de l'apophyse coronoïde, qui le rapprocherait de la Panthère.

6° Des os plus longs, ayant une épaisseur proportionnelle plus grande.

Dans ses Mémoires réunis en 1812, à propos d'une demi-mâchoire qu'il décrit, Cuvier dit qu'elle ne vient ni d'un Lion, ni d'un Tigre, et que si l'on voulait la rapporter à une espèce vivante, elle se rapprocherait surtout du Jaguar par la courbure de son bord inférieur.

____

(1) *Nova Acta nat. cur.*, t. IX, p. 476, pl. 65.

Schmerling ayant constaté, sur des spécimens qu'il a eus à sa disposition, l'existence de la première avant-molaire supérieure, le caractère tiré de son absence ne peut plus être conservé.

Pandler et d'Alton ont également représenté une tête entière de *Felis spelæa* avec toutes ses dents (1), provenant de la caverne de Scharfiechl. Il existe aussi dans la collection de M. le comte de Munster le moule de plâtre d'un crâne de *Felis spelæa* dont l'original a été trouvé en Franconie.

MM. Boyd Dawkins et W. Ayshford Sanford ont décrit (2) un crâne trouvé à Sundwig en Westphalie, qui existe dans le *British Museum*, et dont le professeur Owen a donné une figure, en 1859 (3), dans son *Mémoire sur le Thylacoleo*. Les mêmes auteurs ont aussi décrit deux crânes de *Felis spelæa*, provenant, l'un de la caverne de Bleadon, et l'autre de celle de Sandford-Hill, qui existent dans le musée de Taunton.

Ces savants ont également figuré un fragment de crâne trouvé dans cette dernière caverne, sur lequel existent plusieurs dents, et qui provient d'un individu adulte. Enfin ils ont fait dans un mémoire fort remarquable, accompagné de très-belles figures, une étude complète des nombreux ossements de *Felis spelæa* qu'ils ont eu à leur disposition. Les conclusions du mémoire de MM. Boyd Dawkins et W. Ayshford Sanford sont qu'il n'y a pas lieu de considérer le *Felis spelæa* comme une espèce distincte du Lion actuel, dont il ne serait qu'une variété plus robuste. Ils ajoutent que si sa taille, souvent pareille à celle des Lions actuels, est parfois supérieure, ce fait s'explique sans peine par la plus grande facilité que cet animal éprouvait pour vivre et se développer à l'aise, à une époque où il n'était pas, comme aujourd'hui, contraint de se soustraire continuellement à la poursuite de l'Homme.

Nous aurons à plusieurs reprises l'occasion de discuter dans ce mémoire l'opinion des auteurs que nous venons de citer, et de comparer leurs observations avec les nôtres.

(1) *Raublhiere*, pl. VII, fig. *a*, *b*, *c*, *d*.

(2) *Paleontographical Society*, vol. XVIII, 1864, et vol. XXI, 1867.

(3) *Philosophical Transactions*, 1859, pt 1, pl. XII, XV.

Des restes moins importants de grand Chat des cavernes ont été découverts ou décrits par d'autres auteurs, parmi lesquels nous citerons :

Esper, qui a figuré un fragment de mâchoire supérieure.

Camper, qui a donné un dessin d'une mandibule figurée par Cuvier dans son *Ostéographie des Felis*, pl. XV.

Ce dernier auteur a aussi donné le dessin d'une mandibule provenant de la collection d'Ebel, et celui d'une autre mandibule provenant de la collection de Blumenbach.

Lord Cols, dont la collection renferme de beaux spécimens de *Felis spelœa* provenant de la caverne d'Altestein (une mandibule, les deux tiers supérieurs d'un humérus, un radius, un fémur, un tibia, une rotule, un astragale, un calcanéum, un troisième cunéiforme, plusieurs métatarsiens et des phalanges).

Buckland (*Reliquiœ diluvianœ*, p. 17, 62, 201) : dents canines provenant de la caverne d'Oreston, près de Plymouth.

Schmerling (1) décrit aussi de nombreux ossements de *Felis*, savoir :

    1° Des dents canines et des molaires ;
    2° Trois maxillaires intérieurs, dont un seul a été figuré par ce savant ;
    3° Un fragment d'omoplate ;
    4° Un humérus presque entier ;
    5° Deux radius ;
    6° Des fragments de bassin ;
    7° Un sacrum ;
    8° Un fémur ;
    9° Des rotules ;
    10° Un fragment de tibia ;
    11° Un scaphoïdo-semilunaire ;
    12° Un pisiforme ;
    13° Huit calcanéums ;
    14° Un astragale ;
    15° Un scaphoïde ;

(1) *Ossem. fossiles de Liég*, t. II. p. 14.

16° Un cuboïde ;

17° Un premier cunéiforme ;

18° Des métacarpiens et des métatarsiens.

Marcel de Serres, Dubreuil et Jean-Jean, qui ont découvert
à Lunel-Viel :

Un beau fragment de maxillaire supérieur, une canine, plusieurs vertèbres, deux humérus, un sacrum, une côte, un fragment de bassin du métacarpien, un calcanéum.

M. Bourguignat a découvert dans ces derniers temps le squelette entier d'un animal appartenant au genre *Felis*, et dont la
taille est analogue à celle des Lions de l'époque actuelle. Ce
squelette a été trouvé dans une caverne près de Vence (Alpes-
Maritimes).

M. Bourguignat considère l'animal dont il a trouvé les restes
comme parfaitement distinct du *Felis spelœa*, et le désigne sous
le nom de *Felis Edwardsiana*. La tête de ce *Felis*, dit M. Bourguignat, se distingue de toutes les autres têtes de *Felidœ*, vivants
ou fossiles, connues jusqu'à ce jour, en ce qu'elle est plus rac-
courcie, plus bombée, et proportionnellement plus large à la
hauteur des cavités glénoïdes, tandis qu'au contraire elle est plus
rétrécie en avant, ce qui donne au palais une forme de triangle
équilatéral. Elle se distingue encore :

1° Par l'élargissement considérable de la région postorbitaire
des frontaux, ce qui tient au développement considérable des
sinus.

2° Par l'élévation, la forme bombée et élargie de la partie
frontale au-dessus des orbites.

3° Par l'exiguïté de la région faciale, d'où il résulte un notable
rétrécissement de l'ouverture nasale.

4° Par la position plus latérale de l'orbite, dont la partie inférieure à l'apophyse sus-lacrymale est beaucoup plus élargie et
arrondie.

5° Par la carnassière supérieure, dont le talon interne est
beaucoup plus saillant.

6° Par le maxillaire inférieur plus grêle, plus droit, depuis l'apophyse géni jusqu'à l'apophyse angulaire, qui est très-épaisse et plus oblique en dedans.

Nous avons dû à l'obligeance de M. Bourguignat de pouvoir comparer le crâne du *Felis Edwardsiana* avec celui de *Felis spelæa* trouvé par nous à Lherm, et nous avons pu constater qu'il en diffère sous une multitude de rapports, mais surtout par l'étroitesse du museau comparée à la largeur remarquable de cette partie dans notre *Felis spelæa*. Ce dernier n'a pas, à beaucoup près, le front aussi bombé. Le maxillaire inférieur du *Felis Edwardsiana* nous a paru s'éloigner moins que celui du *Felis spelæa* du maxillaire provenant de Lions de notre époque.

Le *Felis Edwardsiana* se rapproche du *Felis spelæa* par la longueur du frontal comprise entre la suture fronto-nasale et la suture fronto-pariétale sur la ligne médiane. Cette longueur est plus grande que chez les Lions et les Tigres actuels.

Nous n'insistons pas davantage sur ces différences, ne voulant pas diminuer l'intérêt de la description que M. Bourguignat lui-même se propose de donner de ce *Felis*.

Parmi les auteurs qui ont écrit sur le *Felis spelæa*, nous devons signaler d'une manière particulière Blainville (1).

Ce savant considère le *Felis spelæa* comme une espèce différente du Lion et du Tigre actuel, dont elle se distinguerait par les caractères suivants :

1° Une arqûre plus marquée de tout le chanfrein, depuis le bord supérieur du trou occipital jusqu'au trou nasal.

2° Une grande saillie et une étroitesse marquée de l'apophyse occipitale. Les condyles sont plus pédiculés et plus détachés.

3° Une moindre saillie de l'apophyse orbito-frontale.

4° Une moindre grandeur du trou sous-orbitaire.

5° Une forme plus large et plus écartée à angle droit de l'apophyse zygomatique du temporal à sa racine.

6° Une inclinaison plus grande de l'apophyse coronoïde.

7° Le bord inférieur de la mandibule est droit, et même se recourbe un peu en bas à la symphyse, commençant par une sorte d'apophyse géni, caractères qui rapprochent le fossile plus d'un Tigre que d'un Lion.

Le reste des ossements porte Blainville à regarder le *Felis spelœa* comme un Tigre. Les os sont plus robustes ou proportionnellement plus courts, surtout les métacarpiens et les métatarsiens.

Suivant Blainville, les crânes de *Felis spelœa* se rapprochent de ceux de Lion par leur espace interorbitaire large et enfoncé; par les os du nez, larges et triangulaires, s'écartant un peu à leur angle externe de l'incisif; par la branche montante du maxillaire peu étroite et peu excavée ; par un museau large et court comme dans le Lion, et non rétréci et comme pincé au dos, ainsi que cela a lieu dans le Tigre.

« Il semble, ajoute Blainville, que cette tête, qui tient du Tigre » dans ses parties postérieures et dans la mandibule, et un » peu du Jaguar par sa brièveté, est plus léonine par la forme » du nez.

» Le reste des ossements attribués au *Felis spelœa* me semble » venir à l'appui que c'était un Tigre plutôt qu'un Lion, parce » qu'ils sont plus robustes et généralement plus courts, sur- » tout les métacarpiens et les métatarsiens, ce qui est bien » moins marqué que dans le Lion. »

Il est aisé de voir, d'après ce qui précède, que les savants sont loin d'être d'accord au sujet de l'espèce à laquelle il convient de rapporter les ossements de *Felis* qu'on rencontre à l'état fossile. Goldfuss, Cuvier, Blainville, le considèrent comme appartenant à une espèce distincte du Lion et du Tigre, et se rapprochant par certains caractères du Jaguar ; tandis que Boyd Dawkins et W. Ayshford Sanford affirment qu'ils se confondent par tous leurs caractères essentiels avec ceux du Lion actuel, dont ils ne diffèrent dans certains cas que par une dimension plus considérable.

Il nous a paru nécessaire, pour pouvoir discuter la valeur de chacune de ces opinions, de bien préciser tout d'abord les caractères qui peuvent servir à distinguer les os du Lion de ceux du Tigre. Ces caractères étant connus, il doit être facile ensuite d'apprécier si les ossements fossiles doivent être attribués à un Lion semblable au Lion actuel, ou s'ils ont à la fois, comme l'ont admis les savants dont nous avons parlé, des caractères appartenant au Lion et des caractères appartenant au Tigre, et s'ils constituent une espèce intermédiaire distincte de l'un et de l'autre.

En ce qui concerne la forme du crâne, Cuvier fait remarquer que le Lion a le profil plus rectiligne que le Tigre. C'est à la partie postérieure du front que se rencontrent ses deux lignes principales, et que se trouve aussi le point le plus élevé.

Le Tigre a la ligne de profil plus serpentante ; son front est convexe en travers comme en long ; les apophyses postorbitaires sont plus en avant, et le point le plus saillant plus en arrière.

Suivant Blainville, la tête du Tigre présente plus d'étroitesse dans la partie verticale, et par suite la crête occipitale se prolonge plus en arrière. Il existe plus de détachement des condyles, une sorte de soulèvement du chanfrein entre les deux orbites ; d'où il résulte une convexité du front dans les deux sens, une plus grande déclivité des os du nez, qui sont plus allongés, plus étroits, plus parallélogrammiques. L'ouverture nasale est plus petite, plus étroite, en rapport avec une sorte de pincement ou de subcanalisation de la branche montante du maxillaire. Le trou sous-orbitaire est un peu moins grand. Les apophyses orbito-frontales sont plus courtes, plus déclives ; les inférieures ou jugales sont au contraire plus aiguës.

Un caractère plus tranché se trouve dans la forme du bord palatin, qui est en pointe médiane, sans échancrure, avec les apophyses ptérygoïdes moins grêles.

L'arcade zygomatique a toujours plus de tendance à s'écarter à angle droit, même dans le jeune âge, et l'apophyse coronoïde de la mandibule s'abaisse plus en arrière. L'angulaire tend ainsi à s'écarter davantage de la ligne plus droite du bord inférieur de la mandibule, qui lui-même se dessine cependant davantage en apophyse géni dans sa partie antérieure.

Le professeur Owen (*Proceedings of the Zoological Society,* janvier 1834) a signalé les caractères suivants :

1° Le prolongement en arrière de l'apophyse frontale (nasale) de l'os maxillaire chez le Lion, au moins jusque derrière une ligne transversale passant à travers l'articulation fronto-nasale tandis que dans le Tigre elle est toujours plus courte d'un tiers au moins de pouce (le pouce égale $2^{cm},54$).

Chez le Tigre, la branche frontale du maxillaire est tronquée, tandis qu'elle finit en pointe dans le Lion.

2° La forme aplatie de l'extrémité frontale des os du nez chez le Lion, tandis que chez le Tigre ils sont courbés en bas, de manière à former une dépression médiane à leur symphyse.

3° La largeur plus grande et l'aplatissement plus considérable de l'espace interorbitaire chez le Lion signalés par Cuvier. Le professeur Owen considère ce caractère comme n'étant pas constant.

A ces différences essentielles MM. Boyd Dawkins et Ayshford Sandford en ajoutent d'autres. Ce sont :

1° La longueur du temporal, moindre que celle du frontal, et par conséquent la position plus antérieure de la suture pariétale, et la position plus en arrière des apophyses postorbitaires dans le Lion que dans le Tigre. Vu cette disposition, le crâne du Lion, quand on le regarde en dessus, semble plus surbaissé, plus court, et a un aspect qui contraste avec l'aspect allongé de celui du Tigre. Ceci tient encore à la grande extension de la crête sagittale du frontal chez le Tigre adulte et à sa brièveté chez le Lion.

L'espace compris entre les trous palatins postérieurs et le bord orbitaire du palais est moindre chez le Lion.

La présence d'une saillie assez notable sur le bord inférieur de la mandibule au niveau de la dernière molaire est un caractère constant du Lion.

Ces derniers auteurs admettent, en outre, d'autres caractères distinctifs, qui ne peuvent pourtant pas, disent-ils, être regardés comme assez constants pour être spécifiques. Telles sont :

1° La forme plus serpentante de la ligne de profil du Tigre, signalée par Cuvier.

2° La forme du bord palatin postérieur, signalée par Blainville.

3° La conformation de la partie occipitale du crâne. Cette

partie est souvent plus étroite et plus sigmoïde dans le Tigre que dans le Lion.

4° La plus grande étroitesse de la partie postérieure des narines.

5° La grandeur du trou sous-orbitaire et l'épaisseur de l'arcade qui le sépare de l'orbite plus grande dans le Tigre et le *Felis spelæa* que dans le Lion. Ce caractère, disent les savants dont nous analysons le travail, n'a pas d'importance, car l'une et l'autre sont très-variables chez les animaux actuels. Dans le Lion d'Asie, l'orifice est ordinairement double.

La hauteur de l'arcade zygomatique indiquée par divers auteurs est très-variable, et ne constitue pas un caractère essentiel.

Nous allons rendre compte maintenant de nos observations personnelles. Avant de les décrire, nous devons faire connaître comment nous avons procédé.

Au lieu de nous borner à mesurer les dimensions des diverses parties de la tête, nous avons déterminé, comme l'ont fait avant nous d'ailleurs d'autres savants, les rapports qui existent entre ces dimensions et la longueur basilaire considérée comme terme de comparaison.

Il nous a paru également utile de déterminer pour un même os les rapports existant entre sa longueur et sa largeur ou sa hauteur. Ces rapports varient en effet d'une espèce à une autre, et, sans être absolument constants pour une espèce déterminée, se meuvent dans des limites peu étendues. Enfin, nous avons cru devoir examiner les rapports existant entre les dimensions de quelques autres os.

La longueur de la ligne de profil a été mesurée en suivant la courbure du crâne : 1° depuis le bord incisif externe jusqu'à l'épine occipitale ; 2° du même point au bord postérieur du trou occipital.

La longueur basilaire a été mesurée en ligne droite, c'est-à-dire sans suivre la courbure de la voûte palatine, du bord incisif interne au bord antérieur du trou occipital.

Toutes les autres mesures ont été prises en ligne droite et non en suivant les contours des os. On a presque toujours pris pour point de repère les points de réunion de deux ou plusieurs os.

La hauteur des diverses parties des crânes a été déterminée au moyen d'un instrument composé d'un cadre horizontal reposant sur quatre supports verticaux, fixés eux-mêmes sur une planche horizontale munie de vis à caler à ses quatre extrémités. Sur le cadre repose une règle horizontale, portant dans son milieu une coulisse dans laquelle glisse une règle verticale divisée en millimètres. Un petit cadre métallique vertical, muni d'un fil horizontal, est placé en avant de la règle, de telle sorte que le fil soit très-rapproché des divisions. La règle se termine inférieurement par une pointe d'acier. Lorsque la pointe repose sur le plan horizontal, le fil coïncide avec le zéro Il suffit, comme on le voit, pour déterminer la hauteur des diverses parties d'un crâne, de le placer sur la planche après avoir soulevé la règle, et de faire descendre alors celle-ci jusqu'au moment où la pointe touche la partie dont on veut connaître la hauteur. Celle-ci est indiquée en millimètres par le chiffre ou la division correspondant au fil. Ce moyen nous a paru comporter une grande précision.

Nous devons ajouter que, pour déterminer les hauteurs des divers points du crâne, nous n'avons jamais fait reposer celui-ci sur les canines, dont la longueur est très-variable ; nous les avons laissées en dehors du plan sur lequel il était placé.

Cela posé, voici les principaux résultats de nos observations :

1° Le caractère tiré de la ligne de profil, qui serait plus serpentante chez le Tigre que chez le Lion, est généralement vrai ; mais il existe dans les galeries du Muséum un crâne de Lion dont la ligne de profil est analogue à celle du Tigre. D'ailleurs il y a des crânes de Tigre dont la ligne de profil n'est pas plus serpentante que celle des Lions ; ce n'est donc pas un caractère suffisant.

2° La forme plus plate des os du nez chez le Lion existe toujours ; du moins nous n'avons pu constater aucune exception.

3° La branche montante du maxillaire supérieur semble se prolonger davantage en arrière chez le Lion que chez le Tigre,

Si l'on tire une ligne horizontale passant par le point le plus haut des deux sutures fronto-maxillaires, la suture fronto-nasale tombe, soit en avant de cette ligne, soit sur cette ligne elle-même, quand il s'agit d'un Lion, tandis qu'elle tombe en arrière s'il s'agit d'un Tigre.

4° La largeur plus grande et la forme plus excavée de l'espace interorbitaire se vérifient d'une manière à peu près constante ; cependant chez quelques Tigres, cet espace est aussi grand que chez les Lions, mais le front est toujours plus convexe dans les premiers que dans les seconds.

5° Le rapport entre la longueur de la ligne de profil (depuis le bord incisif antérieur jusqu'à l'épine occipitale) et la longueur du maxillaire supérieur depuis le bord alvéolaire de la canine jusqu'à la suture fronto-maxillaire, est plus grand chez les Tigres que chez les Lions. On en jugera par les chiffres suivants (la longueur du maxillaire est l'unité) :

Lion B, n° 34	2,780	Tigre de Bornéo	3,130
Lion n° 3	2,695	Tigre des montagnes des Gattes	2,923
Lionne de l'Inde	2,634	Tigre n° 1468	3,163
Lion n° 8	2,782	Tigre n° 1472	2,964
Lion du Bengale	2,743	Tigre n° 1464	3,037
Lion n° 1 (musée de Toulouse)	2,751	Tigre n° 1466	3,173
Lion n° 2 (musée de Toulouse)	2,694	Tigre n° 1 (Toulouse)	2,985 B.
Lion n° 3 (musée de Toulouse)	2,647	Tigre n° 2 (Toulouse)	2,952 S. g.
Felis spelæa	2,679		

Le *Felis spelæa* est évidemment analogue aux Lions.

6° Le rapport entre la longueur précédente du maxillaire supérieur et la hauteur verticale de ce maxillaire comprise entre le bord alvéolaire, en arrière de la carnassière et le point le plus haut de la suture fronto-maxillaire, est en général plus grand chez les Lions que chez les Tigres ; il y a pourtant quelques exceptions.

Ces rapports sont les suivants (la hauteur du maxillaire est prise pour unité) :

Lion B, n° 34	1,175	Lionne de l'Inde	1,211
Lion n° 1	1,246	Lion n° 8	1,150
Lion n° 3	1,122	Lion n° 1 (musée de Toulouse)	1,173
Lion n° 12	1,133	Lion n° 2 (musée de Toulouse)	1,222
Lion du Bengale	1,144	Lion n° 3 (musée de Toulouse)	1,204

Felis spelæa..................	1,204	Tigre n° 1472...............	1,117
Tigre de Bornéo.............	1,095	Tigre n° 1464...............	1,137
Tigre de Sumatra...........	1,098	Tigre n° 1466...............	1,072
Tigre des montagnes des Gattes..	1,102	Tigre n° 1 (musée de Toulouse)...	1,038
Tigre n° 1468...............	1,028	Tigre n° 2 (musée de Toulouse)...	1,144

Le *Felis spelæa* se classe nettement à côté des Lions.

7° Le rapport entre la longueur de la ligne de profil et la longueur du frontal comprise entre la suture fronto-nasale et la suture fronto-pariétale sur la crête occipitale est en général plus grand chez les Lions que chez les Tigres ; il y a pourtant quelques exceptions. Voici ce rapport (la longueur du frontal est prise pour unité) :

Lion B, n° 34...............	3,111	*Felis spelæa*..................	3,280
Lion n° 3..................	3,520	Tigre de Bornéo.............	3,000
Lionne de l'Inde	2,789	Tigre des montagnes des Gattes..	2,898
Lion du Bengale............	3,052	Tigre n° 1468...............	2,852
Lion n° 8..................	2,881	Tigre n° 1464...............	2,754
Lion n° 1 (musée de Toulouse)...	3,416	Tigre n° 1466...	2,796
Lion n° 2 (musée de Toulouse)...	3,320	Tigre n° 1 (musée de Toulouse)..	2,971
Lion n° 3 (musée de Toulouse)...	3,347	Tigre n° 2 (musée de Toulouse)..	2,908

Le *Felis spelæa* est encore par ce caractère analogue aux Lions.

8° Le rapport entre la longueur précédente du frontal et la largeur de l'espace compris entre les pointes des apophyses postorbitaires est aussi généralement plus grand chez les Lions que chez les Tigres ; mais il y a quelques exceptions (la longueur du frontal est prise pour unité) :

Lion B, n° 34...............	1,146	Tigre de Bornéo.............	0,915
Lion n° 1..................	1,152	Tigre de Sumatra...........	0,714
Lion n° 2..................	1,150	Tigre des montagnes des Gattes,.	0,929
Lion n° 6..................	1,195	Tigre n° 1468...............	0,838
Lionne de l'Inde............	1,097	Tigre n° 1464...............	0,816
Lion du Bengale............	1,160	Tigre n° 1466...............	0,893
Lion n° 8..................	1,011	Tigre n° 1 (musée de Toulouse)...	1,111
Lion n° 1 (musée de Toulouse)...	1,048	Tigre n° 2 (musée de Toulouse)...	1,147
Lion n° 2 (musée de Toulouse)...	1,282	*Felis spelæa*..................	0,896
Lion n° 3 (musée de Toulouse)...	1,297		

Ici le *Felis spelæa* prend place à côté des Tigres.

9° Le rapport entre la longueur du frontal précédent et la largeur du frontal mesurée en ligne droite du point où il se soude à un unguis à celui où il se soude à l'unguis de l'autre côté, est toujours plus grand chez les Lions que chez les Tigres. Les nombres suivants expriment ces rapports (la longueur du frontal est prise pour unité) :

Lion B, n° 34	0,844	Tigre de Bornéo	0,702
Lion n° 1	1,250	Tigre de Sumatra	0,735
Lion n° 2	0,881	Tigre des montagnes des Gattes	0,752
Lion n° 3	1,207	Tigre n° 1468	0,610
Lion n° 6	1,025	Tigre n° 1464	0,612
Lionne de l'Inde	0,951	Tigre n° 1466	0,638
Lion du Bengale	0,851	Tigre n° 1 (Toulouse)	0,733
Lion n° 8	0,823	Tigre n° 2 (Toulouse)	0,791
Lion n° 1 (Toulouse)	0,870	*Felis spelœa*	0,714
Lion n° 2 (Toulouse)	0,956		

L'espèce fossile se montre encore analogue aux Tigres.

10° Si l'on compare la longueur du frontal précédente à la longueur comprise entre la suture fronto-nasale (mesurée en ligne droite à partir de la ligne médiane) et la pointe de l'apophyse postorbitaire correspondante, on trouve encore un nombre plus fort pour les Lions que pour les Tigres. Les chiffres suivants en donnent la preuve (la longueur du frontal est l'unité) :

Lion B, n° 34	0,734	Tigre de Bornéo	0,585
Lion n° 2	0,709	Tigre de Sumatra	0,642
Lion n° 3	0,909	Tigre des montagnes des Gattes	0,588
Lion n° 6	0,815	Tigre n° 1468	0,537
Lion n° 8	0,682	Tigre n° 1464	0,539
Lionne de l'Inde	0,695	Tigre n° 1466	0,606
Lion du Bengale	0,814	Tigre n° 1 (Toulouse)	0,595
Lion n° 1 (Toulouse)	0,666	Tigre n° 2 (Toulouse)	0,659
Lion n° 2 (Toulouse)	0,760	*Felis spelœa*	0,595
Lion n° 3 (Toulouse)	0,801		

Le *Felis spelœa* se place toujours à côté des Tigres.

11° Le rapport entre la longueur du frontal précédente et la longueur comprise entre le point où le frontal se soude à l'unguis et la pointe de l'apophyse postorbitaire correspondante est généralement plus grand chez les Lions que chez les Tigres.

Les chiffres suivants en fournissent la preuve (la longueur du frontal est prise pour unité) :

Lion B, n° 34	0,642	Lion n° 8	0,682
Lion n° 1	0,972	Lion n° 1 (Toulouse)	0,666
Lion n° 3	0,909	Lion n° 2 (Toulouse)	0,625
Lionne de l'Inde	0,695	Tigre de Bornéo	0,510
Lion du Bengale	0,814	Tigre de Sumatra	0,552

Tigre des montagnes des Gattes..	0,588	Tigre n° 1 (Toulouse)	0,600
Tigre n° 1468	0,537	Tigre n° 2 (Toulouse)	0,653
Tigre n° 1464	0,561	*Felis spelæa*	0,600
Tigre n° 1466	0,606		

L'analogie entre les *Felis spelæa* et les Tigres se maintient.

12° Le rapport entre la longueur du frontal précédente et la distance comprise entre la suture fronto-naso-maxillaire et la pointe de l'apophyse postorbitaire correspondante est toujours plus grand chez les Lions que chez les Tigres ; on en jugera par les nombres suivants (la longueur du frontal est prise pour unité) :

Lion B, n° 34	0,871	Tigre de Bornéo	0,510
Lion n° 1	1,152	Tigre de Sumatra	0,643
Lion n° 3	1,030	Tigre des montagnes des Gattes..	0,811
Lion n° 8	0,823	Tigre n° 1468	0,720
Lionne de l'Inde	0,817	Tigre n° 1464	0,663
Lion du Bengale	0,913	Tigre n° 1466	0,712
Lion n° 1 (Toulouse)	0,871	Tigre n° 1 (Toulouse)	0,677
Lion n° 2 (Toulouse)	0,869	Tigre n° 2 (Toulouse)	0,702
Lion n° 3 (Toulouse)	0,821	*Felis spelæa*	0,468

Ici le *Felis spelæa* s'éloigne à la fois des Lions et des Tigres.

13° Le rapport de la longueur basilaire à la plus grande longueur des os du nez est toujours plus grand chez les Lions que chez les Tigres.

Les nombres suivants expriment les différences (la longueur des os du nez est prise pour unité) :

Lion B, n° 34	2,935	*Felis spelæa*	3,028
Lion n° 2	2,684	Tigre de Bornéo	2,475
Lion n° 6	3,131	Tigre de Sumatra	2,476
Lion n° 8	2,848	Tigre des montagnes des Gattes..	2,311
Lion n° 12	3,187	Tigre n° 1468	2,276
Lionne de l'Inde	2,606	Tigre n° 1472	2,300
Lion du Bengale	2,987	Tigre n° 1464	2,500
Lion n° 2 (Toulouse)	2,803	Tigre n° 1466	2,395
Lion n° 1 (Toulouse)	2,798	Tigre n° 1 (Toulouse)	2,377
Lion n° 3 (Toulouse)	2,961	Tigre n° 2 (Toulouse)	2,414

14° Le rapport entre la longueur basilaire et la plus petite longueur des os du nez présente des différences de la même nature. Il est, comme on va le voir, toujours plus grand chez les Lions que chez les Tigres.

Lion B, n° 34	3,678	Tigre de Bornéo	2,941
Lion du Sénégal, n° 6	4,071	Tigre de Sumatra	3,058
Lion n° 2	3,436	Tigre des montagnes des Gattes	2,722
Lion n° 8	3,450	Tigre n° 1468	2,705
Lion n° 12	3,187	Tigre n° 1472	2,705
Lionne de l'Inde	3,002	Tigre n° 1464	2,922
Lion n° 1 (Toulouse)	3,427	Tigre n° 1466	2,875
Lion n° 2 (Toulouse)	3,413	Tigre n° 1 (Toulouse)	2,736
Lion n° 3 (Toulouse)	3,780	Tigre n° 2 (Toulouse)	2,821
Felis spelæa	3,741		

15° L'analogie entre le *Felis spelæa* et les Lions se maintient.

On observe des rapports semblables entre la longueur de la ligne de profil supérieure comprise entre le bord incisif et l'épine occipitale et la plus grande longueur des os du nez. Cette dernière est prise pour unité.

Lion B, n° 34	3,853	Tigre de Bornéo	3,564
Lion n° 2	3,333	Tigre de Sumatra	3,428
Lion n° 8	3,721	Tigre des montagnes des Gattes	3,254
Lion n° 1 (Toulouse)	3,761	Tigre n° 1468	3,445
Lion n° 2 (Toulouse)	3,705	Tigre n° 1472	3,350
Lion n° 3 (Toulouse)	3,894	Tigre n° 1464	3,611
Lionne de l'Inde	3,532	Tigre n° 1466	3,467
Felis spelæa	3,904	Tigre n° 1 (Toulouse)	3,278
		Tigre n° 2 (Toulouse)	3,378

Il y a deux crânes de Lions chez lesquels le rapport est analogue à celui des Tigres, mais ce rapport est supérieur dans la grande majorité des cas.

16° Rapport entre la ligne de profil et la plus petite longueur des os du nez, cette dernière longueur étant prise pour unité.

Lion B, n° 34	4,827	Tigre de Bornéo	4,235
Lion n° 2	3,894	Tigre de Sumatra	4,235
Lionne de l'Inde	4,098	Tigre des montagnes des Gattes	3,833
Lion n° 8	4,507	Tigre n° 1468	4,094
Lion n° 1 (Toulouse)	4,606	Tigre n° 1472	3,941
Lion n° 2 (Toulouse)	3,947	Tigre n° 1464	4,220
Lion n° 3 (Toulouse)	4,939	Tigre n° 1466	4,125
Felis spelæa	4,823	Tigre n° 1 (Toulouse)	3,773
		Tigre n° 2 (Toulouse)	3,947

Comme on le voit, le rapport est en général plus grand dans les Lions, mais il y a quelques exceptions. Le *Felis spelæa* prend place parmi es Lions.

17° La distance qui sépare les trous palatins postérieurs l'un de l'autre est toujours moindre chez les Tigres que chez les

Lions. Nous avons cru devoir déterminer le rapport de cette distance prise pour unité à la longueur basilaire.

Lion n° 3	5,000	Tigre de Bornéo	5,555
Lion n° 12	5,100	Tigre de Sumatra	6,071
Lionne de l'Inde	5,104	Tigre des montagnes des Gattes	6,621
Lion du Bengale	5,100	Tigre n° 1468	6,571
Lion, n° 8	4,711	Tigre n° 1472	6,388
Lion n° 1 (Toulouse)	5,083	Tigre n° 1464	5,487
Lion n° 2 (Toulouse)	5,322	Tigre n° 1466	5,750
Lion n° 3 (Toulouse)	5,500	Tigre n° 1 (Toulouse)	7,722
Felis spelæa	4,632	Tigre n° 2 (Toulouse)	5,700

Le *Felis spelæa* se rapproche incontestablement des Lions.

18° La distance qui sépare les trous palatins postérieurs du bord palatin est proportionnellement moindre chez les Lions que chez les Tigres. Voici les rapports entre cette distance prise pour unité et la longueur basilaire :

Lion n° 1	8,000	Tigre de Bornéo	4,807
Lion n° 3	7,450	Tigre de Sumatra	5,425
Lion n° 8	7,000	Tigre des montagnes des Gattes	5,997
Lion n° 12	6,715	Tigre n° 1468	5,111
Lionne de l'Inde	7,656	Tigre n° 1472	5,609
Lion du Bengale	5,750	Tigre n° 1464	4,891
Lion n° 1 (Toulouse)	6,931	Tigre n° 1466	5,111
Lion n° 2 (Toulouse)	6,680	Tigre n° 1 (Toulouse)	6,590
Lion n° 3 (Toulouse)	6,844	Tigre n° 2 (Toulouse)	6,380
Felis spelæa	6,300		

Ici le *Felis spelæa* pourrait aussi bien prendre place parmi les Lions que parmi les Tigres.

19° Rapport entre la hauteur maximum du front et la hauteur du point où le frontal se soude aux pariétaux sur la crête sagittale. Cette dernière hauteur est prise pour unité.

Lion B, n° 34	1,000	Tigre n° 470	1,117
Lion n° 6	1,000	Tigre (cabinet)	1,135
Lion n° 2	1,083	Tigre de Sumatra	1,158
Lion n° 3	1,066	Tigre n° 1469	1,119
Lion n° 1	1,072	Tigre n° 1467	1,100
Lion de l'Inde	1,042	Tigre n° 1463	1,153
Lion du Bengale	1,054	Tigre n° 1464	1,067
Lion n° 1 (Toulouse)	1,044	Tigre n° 1468	1,133
Lion n° 2 (Toulouse)	1,022	Tigre n° 1465	1,100
Lion n° 3 (Toulouse)	1,035	Tigre n° 1 (Toulouse)	1,068
Felis spelæa	1,048	Tigre n° 1 (Toulouse)	1,125

Ce rapport est en général plus grand chez les Tigres que chez les Lions, mais il y a quelques exceptions.

20° Enfin, nous signalerons un dernier rapport qui nous paraît établir encore une différence assez marquée entre les Lions et les Tigres.

Rapport entre la longueur maximum du maxillaire supérieur et la longueur maximum des os du nez (cette dernière longueur est prise pour unité) :

Lion B, n° 34	1,385	*Felis spelæa*	1,457
Lion n° 6	1,472	Tigre de Bornéo	1,138
Lion n° 2	1,207	Tigre de Sumatra	1,171
Lion n° 1	1,381	Tigre des montagnes des Gattes	1,113
Lion n° 12	1,487	Tigre n° 1468	1,088
Lionne de l'Inde	1,340	Tigre n° 1472	1,130
Lion n° 8	1,337	Tigre n° 1464	1,188
Lion n° 1 (Toulouse)	1,366	Tigre n° 1460	1,083
Lion n° 2 (Toulouse)	1,374	Tigre n° 1 (Toulouse)	1,098
Lion n° 3 (Toulouse)	1,471	Tigre n° 2 (Toulouse)	1,144

Le *Felis spelæa* se rapproche toujours des Lions.

Nous ne croyons pas nécessaire d'insister davantage sur l'étude des rapports qu'on peut observer entre les dimensions des os du crâne chez un même animal. Ce qui précède suffit pour montrer que ces rapports, quoique présentant parfois des variations exceptionnelles chez certains individus qui semblent s'écarter du type général de leur espèce, présentent une importance très-réelle, et peuvent fort bien servir à reconnaître, surtout quand on observe leur ensemble, si un crâne appartient à un Lion ou à un Tigre. La forme de la voûte palatine, plus plate, et celle des condyles de l'occipital, plus pédiculée chez le Tigre que chez le Lion, fournissent un moyen aussi simple qu'original pour distinguer les crânes de ces animaux. Il suffit en effet de faire appuyer un fil bien tendu sur le bord incisif d'une part et sur le bord du trou occipital de l'autre, de manière qu'il passe au-dessus de la ligne médiane de la base du crâne, pour observer que ce fil touche toujours le bord palatin chez le Lion, tandis qu'il en est assez distant chez le Tigre. Nous n'avons trouvé qu'un seul crâne de Tigre qui ait fait exception à cette règle.

La voûte palatine est en effet généralement plus concave chez le Lion que chez le Tigre.

ARTICLE N° 4.

La dimension du trou sous-orbitaire est très-variable et ne
constitue pas un caractère ayant quelque valeur.

La hauteur de l'arcade zygomatique est aussi trop variable
pour qu'on puisse la considérer comme fournissant un moyen
sérieux de distinction entre le Tigre et le Lion. L'épaisseur de
la lame qui sépare le bord inférieur de l'orbite du bord supérieur du trou sous-orbitaire présente aussi des variations beaucoup trop grandes chez les Lions et chez les Tigres, pour qu'il
soit permis de s'appuyer sur la mesure de ses dimensions,
quand il s'agit de distinguer un crâne de Lion d'un crâne de
Tigre.

Si de l'examen du crâne nous passons à celui du maxillaire
inférieur, outre les caractères que nous avons déjà signalés,
d'après Cuvier et de Blainville, comme pouvant faire distinguer
le maxillaire inférieur du Lion de celui du Tigre, nous rappellerons que, suivant MM. Boyd Dawkins et W. Ayshford Sandford,
le bord inférieur de la mâchoire présente chez le Lion une
saillie plus ou moins prononcée au-dessous de la troisième molaire, ce qui n'a pas lieu chez le Tigre. Ce bord est généralement
convexe chez le Lion et droit ou même un peu concave chez
le Tigre.

MM. Ayshford Sandford et Boyd Dawkins ne regardent pas
comme caractéristique la différence relative à la forme et à la
projection en arrière de l'apophyse coronoïde mentionnée par
Cuvier. Cette apophyse leur a paru s'élever plus insensiblement
à partir du bord alvéolaire chez le Lion que chez le Tigre ; en
outre, suivant ces auteurs, l'apophyse coronoïde se projette
beaucoup plus en arrière au delà du col du condyle chez le *Felis
spelæa* que chez le Lion ou le Tigre. Cette projection, disent-
ils, est chez le *Felis spelæa* de près d'un pouce anglais (2 centimètres et demi), tandis que pour le Tigre elle est à peine
perceptible, et que pour le Lion elle ne dépasse pas un demi-
pouce. L'aspect que cette particularité donne à l'os est très-
remarquable. Cette forme existe sur nos maxillaires fossiles
de Lherm.

Suivant MM. Boyd Dawkins et Ayshford Sandford, l'angle

des grandes mâchoires fossiles ressemble à l'angle des mâchoires de Lion. Seulement la face latérale de cet angle forme l'une des extrémités d'un centre dont la saillie signalée plus haut forme l'autre extrémité, tandis que chez le Lion et chez les petites variétés fossiles, cette face présente une ligne légèrement concave. Dans le Tigre adulte, l'angle descend beaucoup plus bas, et le cintre dont nous venons de parler s'étend sans interruption jusqu'à la symphyse. Le contour du bord inférieur de la partie antérieure de la branche est exactement le même dans les plus grands spécimens que dans les petites mâchoires fossiles et que dans celle du Lion ; mais il est plus concave que chez le Tigre.

Le contour à la symphyse diffère dans le *Felis spelœa* de ce même contour dans toutes les autres espèces. L'angle formé par la partie la plus saillante du devant de la symphyse diffère et le prolongement du bord inférieur de la mâchoire est beaucoup plus ouvert dans le *Felis spelœa* qu'il ne l'est dans le *Felis Leo* ou dans les petites variétés des cavernes. Cet angle mesure 70 degrés dans les grands maxillaires fossiles, tandis qu'il n'est que de 45 dans la petite espèce fossile, et de 40 dans le Lion ; pour le Tigre, il est de 55 degrés. Cette différence, disent les auteurs dont nous analysons le travail, est très-frappante à l'œil, mais elle paraît sujette à de grandes variations et n'a probablement que peu de valeur. Il résulte de nos observations que le bord inférieur du maxillaire est conformé de telle sorte chez le Lion, que, lorsqu'on le fait reposer sur un plan horizontal, il touche quelquefois le plan par sa partie médiane, tandis que ses deux extrémités sont en l'air ; d'autres fois sa moitié antérieure repose sur le plan, et la moitié postérieure est en l'air. Nous n'avons vu que fort rarement des maxillaires inférieurs de Lion reposant à la fois sur le bord inférieur de la symphyse en avant et sur l'angle en arrière, tandis que cela se voit toujours chez le Tigre. Ceci revient à dire que le bord inférieur du maxillaire est concave chez le Tigre et convexe chez le Lion.

Suivant nos observations, la hauteur du corps du maxillaire

va décroissant d'arrière en avant chez le Lion, tandis qu'en général chez le Tigre elle est aussi grande en avant qu'en arrière,
et il y a un minimum de hauteur au milieu. Voici les résultats
de nos mesures :

	HAUTEUR du corps en arrière de la dernière molaire.	HAUTEUR au-dessous de la deuxième molaire.	HAUTEUR au-dessous de la première molaire.	HAUTEUR entre la canine et la première molaire.
Lion B, n° 34...................	0,057	0,055	0,053	0,050
Lion n° 6.....................	0,048	0,043	0,043	0,042
Lion n° 12....................	0,046	0,037	0,035	0.035
Lion du Bengale.	0,041	0,033	0,033	0,034
Lion n° 8...................	0,042	0,037	0,037	0,037
Lion n° 1 (Toulouse)..........	0,052	0,050	0,050	0,047
Lion n° 2 (Toulouse)..........	0,052	0,045	0,042	0,041
Lion n° 3 (Toulouse)..........	0,057	0,048	0,046	0,044
Tigre B, n° 29...............	0,040	0,039	0,040	0,042
Tigre B, n° 34..............	0,042	0.037	0,038	0,041
Tigre de Java...............	0,040	0,036	0,040	0,041
Tigre des montagnes des Gattes...	0,037	0,034	0,040	0,040
Tigre n° 1472...............	0,041	0,037	0,039	0,040
Tigre de Bornéo.............	0,040	0,037	0,037	0,041
Tigre n° 1468...............	0,036	0,031	0,033	0,035
Tigre n° 1466...............	0,036	0,032	0,034	0,036
Tigre n° 1465...............	0,040	0.034	0,036	0,037
Tigre n° 1 (Toulouse).......	0,047	0,041	0,042	0,043
Tigre n° 2 (Toulouse)...........	0,041	0,035	0,041	0,042

Sous ce rapport, le *Felis spelæa* ressemble au Tigre.

Enfin nous avons remarqué une différence essentielle dans
la forme du bord inférieur du maxillaire chez le Lion et chez
le Tigre. Chez le premier, ce bord s'épanouit dans sa partie
postérieure au-dessous de la fosse coronoïdienne en une surface
à peu près plane ou légèrement convexe, assez large, qui se
termine à l'angle par une apophyse épaisse, courbée en dedans
et peu détachée. Chez le Tigre, la largeur de la surface dont
nous venons de parler est moindre, et l'apophyse qui termine
l'angle est plus mince, mieux détachée et dirigée presque verticalement.

D'après nos observations, la crête d'insertion du masséter,
limitant en bas la fosse de ce muscle, est immense chez le Lion,
et à peu près droite chez le Tigre et le *Felis spelæa*.

Les caractères dont nous venons de donner la description nous paraissant suffisants pour bien établir les différences qui existent entre la tête des Lions et celle des Tigres, nous allons passer à la description de la tête de grand Chat que nous avons trouvée dans la caverne de Lherm.

Nous signalerons les différences qui peuvent servir à caractériser les autres os du squelette, lorsque nous nous occuperons de ces derniers.

Qu'il nous soit permis avant tout de poser quelques préliminaires.

Nous préoccupant tout d'abord du meilleur mode de description, nous avons pu apprécier dans le cours de nos recherches combien est difficile pour l'observateur non encore initié le langage de certains anatomistes. Dieu sait à combien d'épines nous a suspendus la théorie vertébrale appliquée à la description de la tête du grand Chat. L'arc neural, l'arc viscéral, le sphécoïde, le mastoïdien, le vormien, etc., qui donnent à certaines monographies un aspect si redoutablement scientifique, nous ont paru constituer un obstacle assez sérieux pour rebuter plus d'un naturaliste à ses débuts.

Les anatomistes du genre *Homo* suivent en général une marche plus simple et plus claire à notre avis, et ils décrivent exactement toutes les parties de la tête à tous les points de vue descriptif, ostéogénique, philosophique, dans un langage accessible à tous.

Cette manière de procéder nous paraissant meilleure, il sera bien entendu que c'est la tête humaine que nous prenons pour type dans la description de celle du Chat, et que nous nous conformerons aussi étroitement que possible aux procédés ostéographiques des anatomistes de l'Homme. Rappelons brièvement ces procédés relativement à la *tête*. On a appelé ainsi la portion du squelette qui surmonte la colonne vertébrale. Avant même de la diviser en *crâne* et en *face*, on donne de cette région une description générale, et l'on a alors :

1° La *surface extérieure* de la tête.

ARTICLE N° 4.

2° La *surface intérieure*, qui est, à proprement parler, la cavité encéphalique et correspond tout entière au crâne.

A. La surface extérieure comprend *trois faces ovales* et *deux faces triangulaires* (Boyer) :

a. L'*ovale supérieur*, qui s'étend, d'avant en arrière, de la bosse frontale moyenne à la protubérance occipitale externe, et d'un côté à l'autre de la ligne courbe temporale d'un côté à celle du côté opposé.

b. L'*ovale inférieur*, qui s'étend, d'avant en arrière, de la symphyse mentonnière à la protubérance occipitale externe, et d'un côté à l'autre de l'apophyse mastoïde et de l'angle de la mâchoire inférieure d'un côté aux mêmes parties du côté opposé. Or, cet ovale inférieur étant très-compliqué, on a créé des divisions secondaires :

α. *Région postérieure* ou *occipitale* de l'ovale inférieur.

β. *Région moyenne* ou *fosse gutturale*, avec deux régions distinctes, une horizontale, l'autre verticale.

γ. *Région antérieure* ou *fosse palatine*, également avec deux parties distinctes, une horizontale et l'autre verticale.

δ. L'*ovale antérieur* de la surface extérieure de la tête : c'est la face proprement dite avec les cavités sensorielles.

ε. Enfin *chacune des faces triangulaires* est limitée en haut par la ligne courbe temporale, en bas par la branche jusqu'à l'angle de la mâchoire, et elle comprend deux régions secondaires, les *fosses temporale* et *zygomatique*.

B. La surface intérieure de la tête, ou cavité crânienne, est divisée en deux régions : *a.* la *voûte*, et *b.* la *base*, avec ses trois étages ou *fosses encéphaliques*.

Cela posé, nous reconnaîtrons à la tête du Chat :

1° Une *surface extérieure ;*

2° Une *surface intérieure.*

A. Nous diviserons la surface extérieure en deux ovales non symétriques, l'un *antéro-supérieur*, l'autre *postéro-inférieur*, et *deux faces triangulaires* symétriques, c'est-à-dire qu'il suffira d'en décrire une seule.

B. La surface intérieure de la tête du Chat sera divisée en *voûte* et *base du crâne*.

Mais notre étude sera surtout une comparaison perpétuelle entre le Lion et le Tigre actuels d'une part, et le Chat des cavernes d'autre part.

Notre plan est dès lors tout tracé ; en sorte que nous indiquerons d'abord et sommairement, dans une première partie, tous les caractères communs qui se rencontrent dans une face ; puis dans une seconde partie nous prendrons tous ces caractères pour les étudier sur chaque animal. Et ainsi nous dirons : La face antéro-supérieure de la tête présente la symphyse de la mâchoire inférieure, les arcades dentaires, l'orifice antérieur des fosses nasales, etc.; puis nous examinerons la symphyse, les arcades dentaires, l'orifice des fosses nasales conjointement, dans un tableau, chez le Lion, chez le Tigre, chez le *Felis spelœa*.

PREMIÈRE PARTIE

SURFACE EXTÉRIEURE.

Face antéro-supérieure de la tête du *Felis spelœa*.

Nous limitons cette face de la manière suivante :

Elle s'étend, d'avant en arrière, de l'extrémité inférieure de la symphyse maxillaire inférieure à la tubérosité occipitale (point de rencontre de la crête sagittale avec la crête lambdoïde). D'un côté à l'autre, les limites de cette face antéro-supérieure sont fournies par la suture temporo-pariétale, l'apophyse post-orbitaire, le contour interne de l'orbite, la suture maxillo-jugale et le bord postérieur de la dernière molaire ou carnassière, et les mêmes parties du côté opposé.

Ainsi délimitée, cette face nous présente:

1° Sur la ligne médiane, la symphyse du maxillaire inférieur, oblique de bas en haut et d'arrière en avant ; l'intervalle des incisives inférieures, l'intervalle des incisives supérieures ; la suture des os intermaxillaires, et l'orifice antérieur des fosses nasales, coupé dans une direction oblique de bas en haut et d'avant en arrière.

Cet orifice a la forme d'un cœur de carte à jouer, à sommet tronqué, dirigé en bas et en avant. Il est assez large pour qu'on voie une bonne partie des fosses nasales avec leur cloison osseuse constituée en gouttière supérieure, les deux trous palatins antérieurs et les cornets si remarquablement enroulés sur eux-mêmes.

Sur la paroi externe de cette cavité, au-dessus de l'orifice nasal antérieur, et toujours sur la ligne médiane, nous trouvons la suture internasale, la partie médiane de la suture fronto-nasale avec une forte dépression, quelquefois même un trou qui lui succède ; 1.° une dépression large répondant à la partie moyenne de l'os frontal ; le commencement de la crête sagittale formée par la réunion sur la ligne médiane de deux crêtes, oblique en arrière et en dedans à partir de l'apophyse post-orbitaire du frontal ; 2° enfin la crête sagittale elle-même, épaissie, très-tranchée, légèrement contournée en *S* italique, de son origine frontale, qui est la plus déclive, à sa terminaison occipitale, qui est la plus relevée.

2° Sur les parties latérales de la face antéro-supérieure de la tête, une surface quadrilatère du maxillaire inférieur, tournée en avant, ayant la même obliquité que la symphyse, supportant les incisives et s'arrêtant à la canine. A partir de la saillie de l'alvéole correspondant à cette dernière dent, la position du maxillaire inférieur qui est comprise dans la face antéro-supérieure est directement tournée en dehors et présente le trou ou les trous mentonniers.

Les arcades dentaires inférieures, sur lesquelles on observe de chaque côté trois incisives, la canine, un espace dépourvu d'organe dentaire, enfin les trois molaires.

L'arcade dentaire supérieure, composée des mêmes éléments ; toutefois les dents supérieures sont généralement plus volumineuses et recouvrent les dents inférieures, à l'exception de la canine inférieure, de manière à constituer une espèce d'entrecroisement en X.

La surface alternativement concave, convexe et concave de l'os intermaxillaire.

La suture maxillo-intermaxillaire.

La saillie énorme de l'alvéole canine supérieure.

La fosse sous-orbitaire, avec le trou de même nom.

La tubérosité malaire du maxillaire supérieur.

La surface convexe des os du nez, plus large en bas qu'en haut, la petite suture naso-intermaxillaire continuée par la suture naso-maxillaire.

La surface concave ou orbitaire de la branche montante du maxillaire supérieur, terminée par une arête brusque, à savoir, la partie interne du rebord de l'orbite, laquelle arête se continue, d'une part avec la suture fronto-maxillaire, d'autre part avec la suite du bord de l'orbite jusqu'à l'apophyse postorbitaire.

La surface du frontal, concave en dedans, se relevant jusqu'à l'apophyse postorbitaire, pour être ainsi convexe en dehors.

La crête postorbito-sagittale déjà décrite.

Une surface rugueuse comprenant le reste de la face antéro-supérieure et composée d'une portion du frontal, de tout le pariétal et du wormien, avec les sutures correspondantes. Cette surface s'abaisse constamment d'avant en arrière jusqu'à la crête occipitale, et elle s'incline ainsi de haut en bas et de dedans en dehors ; elle est sensiblement plano-convexe au niveau du frontal, convexe au niveau du pariétal, convexe enfin au niveau du wormien.

Les deux crêtes sagittale et occipitale bornent toute cette région et lui donnent sa principale physionomie.

Face postéro-inférieure de la tête.

La face postéro-inférieure de la tête s'étend, d'avant en arrière de l'extrémité inférieure de la symphyse du maxillaire inférieur jusqu'à la tubérosité occipitale, et d'un côté à l'autre ses limites sont les apophyses mastoïde et jugulaire, et enfin l'angle de la mâchoire inférieure d'un côté aux mêmes parties du côté opposé.

Cette face est très-compliquée. Elle se prête heureusement à trois subdivisions qui sont : la région occipitale, la région palatine, et la région intermédiaire que nous appellerons gutturale, pour conserver une dénomination déjà employée pour la même partie dans l'anatomie humaine.

Région occipitale de la face postéro-inférieure. Cette région est bornée en arrière par la tubérosité occipitale, sur les côtés par la crête lambdoïde, et en avant par une ligne qui, joignant les deux éminences jugulaires, passe immédiatement au devant des condyles de l'occipital. De forme triangulaire, à sommet supérieur, cette région est tournée en arrière dans ses trois quarts supérieurs. Elle présente sur la ligne médiane une crête non interrompue, depuis la tubérosité occipitale jusqu'au trou occipital. Dans son tiers supérieur, cette crête est coupée par une autre non moins accusée, transversale, de telle sorte que la figure totale des deux crêtes représente une croix.

Le trou occipital, à grand diamètre transversal, borné en arrière par la bifurcation de la crête occipitale, sur les côtés et en avant par les deux condyles de l'occipital, éminences oblongues dans le sens antéro-postérieur, obliques d'arrière en avant et de dehors en dedans, dirigées en arrière dans leur partie renflée postérieure, en bas dans leur partie antérieure, qui est effilée. Sur les parties latérales, cette région nous offre des rugosités profondes pour des insertions musculaires divisées en quatre parties par la saillie cruciale dont nous avons parlé. Ce sont là, à proprement parler, des fosses occipitales externes.

En avant, la région latérale des condyles est aussi excavée, et pourra s'appeler fosse condylienne. Sa profondeur est augmentée par la saillie énorme d'une éminence à peine marquée chez l'Homme, l'apophyse jugulaire, dont la base, qui se porte transversalement en dedans, accompagne la suture temporo-occipitale et aboutit au trou condylien antérieur, passage des nerfs grands hypoglosses. La région moyenne de la face postéro-inférieure de la tête, ou fosse gutturale, est bornée en arrière par la région occipitale qui vient d'être décrite, en avant par une ligne qui réunit transversalement les deux angles des mâchoires en passant par le sommet des apophyses ptérygoïdes. Elle nous offre deux plans distincts : un postérieur, qui est horizontal (voûte basilaire et bulles tympaniques) ; l'autre antérieur, qui est vertical (articulation temporo-maxillaire et orifice postérieur des fosses nasales).

A. *Partie horizontale de la fosse gutturale.*

Elle nous offre sur la ligne médiane : 1° La voûte basilaire, à peu près quadrilatère, avec une crête sur la partie moyenne. 2 Une forte saillie mamelonnée, bulle tympanique à grand diamètre, oblique en avant et en dedans. Cette bulle tympanique, partie la plus remarquable de la région, est limitée en arrière par la suture temporo-occipitale qui aboutit en dedans au trou déchiré postérieur, et en dehors à deux trous, l'un postérieur ou stylo-mastoïdien, l'autre antérieur ou trou carotidien, terminé en avant par la gaîne osseuse de l'apophyse styloïde, dont on voit la surface circulaire d'implantation recouvrant l'orifice de la trompe d'Eustache et le trou déchiré antérieur. 3° Plus en dehors encore se voit l'apophyse mastoïde, aplatie en angle dièdre, et dominant une forte gouttière transversale qui aboutit au conduit auditif externe.

B. *Partie verticale de la fosse gutturale.*

Elle nous présente dans sa portion médiane : 1° L'orifice, ou plutôt la région postérieure des fosses nasales, et est limitée sur les côtés par les apophyses ptérygoïdes, aplaties en une lame très-grêle munie d'un crochet prononcé à son angle postéro-inférieur. 2° Dans sa portion externe, nous trouvons l'articulation temporo-maxillaire à grand diamètre directement transversal, et constituée par une cavité glénoïde supportée comme sur un pilier par la base de l'apophyse zygomatique. Son contour présente deux apophyses qui en augmentent la profondeur, l'une postérieure interne, l'autre antérieure externe. La cavité glénoïde est plus grande que le condyle de la mâchoire. Celui-ci est supporté par un col massif et se réduit à l'angle de la mâ-

choire par un plan large d'un travers de doigt, concave de haut
en bas et tourné en arrière.

La région antérieure de la face inférieure de la tête, ou fosse
palatine, se divise encore naturellement en une portion horizontale en voûte palatine, et une portion verticale ou face interne
des arcades dentaires et du maxillaire inférieur.

La voûte palatine a la forme d'un losange irrégulier tronqué
aux deux extrémités de son diamètre antéro-postérieur; la partie la plus large de ce losange correspond à l'extrémité du dernier alvéole du maxillaire supérieur.

A. La voûte palatine présente sur la ligne médiane la suture
des os palatins, puis celle des os maxillaires supérieurs, enfin
celle des intermaxillaires ; plus en dehors, la face inférieure de
ces os avec leurs sutures palato-maxillaires, maxillo-inter-
maxillaires. Vers la partie la plus reculée de la suture palato-
maxillaire, on voit l'orifice palatin antérieur prolongé en une
véritable fosse incisive d'un trou palatin à l'autre ; du même
côté, règne une crête plus prononcée en avant qu'en arrière.
Signalons enfin à la partie la plus reculée de l'arcade alvéolaire supérieure une excavation profonde, l'excavation de la
carnassière.

B. La région verticale de la fosse palatine comprend les
arcades alvéolo-dentaires, déjà décrites à l'occasion de la partie
supérieure de la tête, et la face interne du maxillaire inférieur,
qui nous offre simplement les deux plans latéraux de cet os
réunis à angle aigu au niveau de la symphyse, et en arrière l'orifice énorme du canal dentaire inférieur.

Face latérale de la tête.

Elle a la forme d'un triangle irrégulier à base supérieure marquée par une ligne étendue de l'apophyse postorbitaire à l'articulation temporo-pariétale, à sommet inférieur répondant à
l'angle et à la face externe tronquée de l'angle de la mâchoire.
Les côtés du triangle sont marqués : le postérieur par la fin de
la crête lambdoïde continue avec le bord supérieur de l'arcade

zygomatique; le côté antérieur, par une portion du rebord où base de l'orbite et la suture maxillo-zygomatique prolongée idéalement sur le maxillaire inférieur et passant par le bord postérieur de la carnassière.

Cette face comprend deux régions bien distinctes : la première, en forme de ceinture osseuse, se compose de l'arcade zygomatique et du rebord ou base de l'orbite ; la seconde, circonscrite par la première, comprend deux subdivisions, l'une afférente à la base du crâne (fosse orbito-zygomatique), l'autre afférente au maxillaire inférieur (région de l'apophyse coronoïde).

A. *Ceinture osseuse orbito-zygomatique de la face latérale.* — Elle est extrêmement prononcée, en raison de la saillie énorme de l'arcade zygomatique. D'abord transversale en dehors, puis coudée à peu près à angle droit dans sa marche en avant, où elle se réunit à l'os malaire. Celui-ci, aplati de dehors en dedans, irrégulièrement conformé en losange, présente une pointe supérieure, apophyse-orbitaire externe, et un bord supérieur qui forme à lui seul la moitié externe du rebord ou base de l'orbite.

B. La portion de la face latérale inscrite dans la précédente ceinture osseuse comprend, comme nous l'avons dit, deux subdivisions.

1° *Fosse orbito-zygomatique.* — Tandis que chez l'homme la cavité orbitaire et la fosse zygomatique sont distinctes, quoique réunies par la fente sphéno-maxillaire, dans le genre *Felis* les deux cavités n'en forment plus qu'une (fosse orbito-zygomatique), et c'est là ce qui caractérise d'une manière si frappante la partie latérale de la tête chez ces animaux. Cette confusion nous paraît tenir à deux causes : d'abord à ce que le maxillaire supérieur a une face orbitaire extrêmement réduite ; 2° à ce que la grande aile du sphénoïde manque totalement.

La région orbitaire elle-même n'est pas délimitée, car l'apophyse orbitaire externe ou malaire est séparée de l'apophyse orbitaire interne ou frontale (postorbitaire des paléontologistes) par un intervalle considérable, d'où fusion de deux régions très-distinctes chez l'Homme en une seule chez les *Felis*.

Nous divisons cette vaste fosse en paroi postéro-interne, paroi externe et antérieure.

1. La paroi postéro-interne est la plus compliquée. D'abord convexe à partir de la suture temporo-pariétale, elle s'excave profondément, et nous offre une série de trous disposés sur une ligne oblique de haut en bas, de dedans en dehors, et d'avant en arrière : ce sont les trous optique, sphénoïdal, maxillaire supérieur et maxillaire inférieur. A partir de ce point, la paroi marche assez régulièrement d'arrière en avant, et se compose du sphénoïde, du palatin, du maxillaire supérieur, de l'unguis, du frontal et des sutures correspondantes. Notons sur le palatin le trou sphéno-palatin.

2. La paroi antérieure, très-réduite, n'est que le vestibule du trou sous-orbitaire.

3. La paroi externe concave n'est autre que la face interne de la ceinture osseuse orbito-zygomatique.

4. La région de l'apophyse coronoïde appartient au maxillaire inférieur, qui s'engage profondément dans l'enceinte qui vient d'être décrite. Elle est surtout remarquable par l'apophyse elle-même, épaisse, inclinée en arrière, et par une large fosse d'insertion musculaire qui occupe la totalité de la branche de la mâchoire vue en dehors.

Surface intérieure de la tête.

Elle se moule sur la masse encéphalique. De plus, chez les animaux adultes, les sinus frontaux forment une cavité antérieure à la région de l'encéphale, et méritent une première description. Ces sinus se développant aux dépens du frontal, il y en a un de chaque côté, séparé de son congénère par une cloison médiane. Leur forme est généralement quadrilatère, et ils s'ouvrent directement dans la partie la plus élevée des fosses nasales.

Venons maintenant à la région encéphalique, qui mérite toute seule le nom de surface intérieure de la tête. Elle appartient exclusivement au crâne, et nous la diviserons en voûte et base du crâne (1).

A. *Voûte du crâne*. — La voûte du crâne est divisée en deux régions : l'une antérieure, plus grande, loge cérébrale ; l'autre postérieure, beaucoup moindre, loge cérébelleuse, séparées l'une de l'autre par la tente osseuse du cervelet.

La loge cérébrale est remarquable par les fortes impressions digitales et les éminences mamillaires qui correspondent aux circonvolutions et aux anfractuosités du cerveau. La gouttière du sinus longitudinal supérieur parcourt la ligne médiane de la loge et aboutit sur la tente du cervelet, au point de rencontre des gouttières latérales destinées aux sinus latéraux.

La face cérébrale de la tente est convexe dans sa partie moyenne, un peu concave sur les côtés.

La face cérébelleuse de ce pont osseux présente une disposition réciproquement inverse.

La loge cérébelleuse, moins tourmentée à la surface que la cérébrale, présente sur la ligne médiane une excavation destinée au vermis supérieur du cervelet.

B. *Base du crâne*. — Elle se divise naturellement en trois régions ou fosses ou étages, superposées de haut en bas et d'avant en arrière, savoir : la fosse antérieure ou ethmoïdale pour le lobe antérieur du cerveau ; la fosse moyenne ou temporo-sphénoïdale, destinée au lobe moyen du cerveau ; la fosse postérieure ou cérébelleuse.

a. La fosse ethmoïdale, large en arrière, étroite en avant, a la forme d'un entonnoir dont le sommet antérieur tronqué donne communication avec les fosses nasales par les trous de la lame criblée de l'ethmoïde. Sur les limites des étages antérieur et moyen, nous trouvons la gouttière optique, avec les deux trous optiques et la suture sphéno-temporale.

---

(1) Cette division est nécessairement un peu arbitraire. Nous pratiquons une coupe depuis un centimètre en arrière des apophyses postorbitaires du frontal jusqu'au milieu des condyles de l'occipital. La calotte détachée nous donne la voûte, et l'on voit alors tout ce que nous appelons base du crâne. (Voyez pl. 4.)

b. La fosse moyenne est occupée sur la partie moyenne par la selle turcique avec ses quatre apophyses clinoïdes, et sur les côtés : 1° la gouttière caverneuse aboutissant au trou sphénoïdal, et dans laquelle sont situés les trous maxillaire supérieur et maxillaire inférieur; 2° la loge sphéno-temporale du cerveau, constituée par la face supérieure du rocher et de la tente du cervelet et l'excavation interne du temporal.

c. La fosse postérieure ou cérébelleuse est presque entièrement formée par la gouttière basilaire, étroite en haut et en avant, s'élargissant en bas et en arrière jusqu'au trou occipital. Sur les côtés, cette fosse est surtout caractérisée par le prolongement en forme de voûte de la tente du cervelet, qui cache presque aux regards la face postéro-interne du rocher avec son trou auditif interne. Un peu plus en arrière, nous trouvons le trou déchiré postérieur, enfin le trou condylien.

Abordons maintenant, dans cette deuxième partie, l'étude comparative de toutes les régions de la tête sur lesquelles nous venons de jeter un coup d'œil d'ensemble, et voyons de quelles différences elles peuvent être affectées chez le Lion, le Tigre et le *Felis spelæa.*

Pour suivre cette description, il sera bon d'avoir constamment sous les yeux les détails consignés dans la première partie ; car, nous proposant seulement d'indiquer des caractères différentiels au fur et à mesure qu'ils se rencontreront, nous omettrons par là même tous les points où il n'y en aura pas.

SURFACE EXTÉRIEURE DE LA TÊTE.

FACE ANTÉRO-SUPÉRIEURE.

Ligne médiane.

LION.	TIGRE.	FELIS SPELÆA.
La hauteur qui sépare l'arcade dentaire supérieure de l'orifice nasal est considérable, et la suture intermaxillaire représente une ligne convexe en avant.	La hauteur qui sépare l'arcade dentaire supérieure de l'orifice nasal est moins considérable, et la suture intermaxillaire, d'abord convexe en avant, devient horizontale chez la plupart des sujets.	Disposition plus analogue à celle du Tigre qu'à celle du Lion.

E. FILHOL ET H. FILHOL.

FACE ANTÉRO-SUPÉRIEURE.

Ligne médiane.

LION.	TIGRE.	FELIS SPELÆA.
L'orifice antérieur des fosses nasales est sensiblement arrondi ; son sommet, tourné en bas, est largement tronqué. L'enroulement des os du nez qui forment l'échancrure de sa base est peu prononcé.	L'orifice antérieur des fosses nasales est sensiblement triangulaire ; son sommet, tourné en bas, est peu tronqué. L'enroulement des os du nez qui forment l'échancrure de sa base est très-prononcé.	L'orifice antérieur des fosses nasales est moins arrondi que chez le Lion, moins triangulaire que chez le Tigre ; son sommet est peu tronqué. L'enroulement des os du nez qui forme l'échancrure de sa base est assez prononcé. (Analogue du Tigre.)
Le plancher des fosses nasales, visible par l'orifice antérieur de ces fosses, est élargi transversalement.	Le plancher des fosses nasales, visible par l'orifice antérieur de ces fosses, est rétréci transversalement.	Le plancher des fosses nasales, visible par l'orifice antérieur de ces fosses, est très-élargi transversalement.
Le point de rencontre des sutures internasale et frontale (suture fronto-nasale) coupe en deux parties à peu près égales la distance qui sépare l'orifice des fosses nasales de la ligne bi-postorbitaire.	Le point de rencontre des sutures internasale et frontale (suture fronto-nasale) coupe dans son tiers postérieur la distance qui sépare l'orifice des fosses nasales de la ligne bi-postorbitaire.	Le point de rencontre des sutures internasale et frontale (suture fronto-nasale) coupe en deux parties à peu près égales la distance qui sépare l'orifice des fosses nasales de la ligne bi-postorbitaire. (Analogue du Lion.)
Dépression moyenne de l'os frontal large peu prononcée.	Dépression moyenne de l'os frontal généralement plus profonde, en forme de gouttière.	Dépression moyenne de l'os frontal peu prononcée. (Analogue du Lion.)
Le V d'origine de la crête sagittale est largement ouvert en avant.	Le V d'origine de la crête sagittale est étroit, à sommet postérieur aigu.	Le V d'origine de la crête sagittale est largement ouvert en avant. (Analogue du Lion.)
La surface généralement quadrilatère ou symphysienne du maxillaire inférieure est aussi large en bas qu'en haut.	La surface généralement quadrilatère ou symphysienne du maxillaire inférieur est un peu plus étroite en bas qu'en haut.	La surface généralement quadrilatère ou symphysienne du maxillaire inférieur est encore plus étroite en bas et tend à devenir triangulaire. Il y a un trou de chaque côté de la symphyse. (Rapproché du Tigre.)
La saillie de l'alvéole canine supérieure est large, d'où peu de profondeur de la fosse sous-orbitaire aux abords du trou de ce nom.	La saillie de l'alvéole canine supérieure est considérable, d'où profondeur de la fosse sous-orbitaire aux abords du trou de ce nom.	La saillie de l'alvéole canine est moins forte que chez le Tigre et plus forte que chez le Lion, d'où profondeur intermédiaire pour la fosse sous-orbitaire. (Intermédiaire entre le Tigre et le Lion.)
La tubérosité malaire du maxillaire supérieur est un peu déjetée en dehors.	La tubérosité malaire du maxillaire supérieur est plus déjetée en dehors.	La tubérosité malaire du maxillaire supérieur est à peine déjetée en dehors. (Analogue au Lion.)

ARTICLE N° 4.

LION.	TIGRE.	FELIS SPELÆA.
La surface des os du nez est légèrement convexe.	La surface des os du nez, comme enroulée sur elle-même, est fortement convexe.	La surface des os du nez, moins enroulée sur elle-même que chez les Tigres, est pourtant moins largement convexe que chez la plupart des Lions. (Intermédiaire.)
L'angle saillant de l'os intermaxillaire qui s'engage entre l'os maxillaire supérieur et l'os du nez est considérable.	L'angle saillant de l'os intermaxillaire qui s'engage entre l'os maxillaire supérieur et l'os du nez est plus court et plus aigu.	L'angle saillant de l'os intermaxillaire qui s'engage entre l'os maxillaire supérieur et l'os du nez est court et aigu. (Analogue au Tigre.)
Les apophyses postorbitaires du frontal sont épaisses, larges, triangulaires, portées horizontalement en dehors et à peine recourbées à leur sommet.	Les apophyses postorbitaires du frontal sont épaisses, courtes, pointues, brusquement recourbées à leur sommet.	Les apophyses postorbitaires sont minces, larges, triangulaires, portées horizontalement en dehors, recourbées à leur sommet. (Intermédiaire.)
Considéré dans son ensemble, le front, principalement caractérisé par l'espace interorbitaire, est large, aplati, à grand diamètre transversal.	Considéré dans son ensemble, le front, principalement caractérisé par l'espace interorbitaire, est étroit, ramassé, à grand diamètre antéro-postérieur.	Considéré dans son ensemble, le front, principalement caractérisé par l'espace interorbitaire, est large, aplati, à grand diamètre, à peu près égaux, et transversal paraissant l'emporter. (Analogue au Lion.)
Le reste de la face antéro-supérieure de la tête inscrit entre les crêtes postorbitaire, sagittale et lambdoïde, s'abaisse à peu près uniformément sous un angle de 30 à 35 degrés, depuis la crête sagittale jusqu'a la bosse pariétale, peu saillante; d'où fosse pariéto-occipitale peu profonde.	Le reste de la fosse antéro-supérieure inscrit entre les crêtes postorbitaire, sagittale et lambdoïde, s'abaisse en général d'une manière brusque, sous un angle notablement moindre, depuis la crête sagittale, pour se relever et acquérir un écartement plus grand au niveau de la bosse pariétale, très-marquée; d'où fosse pariéto-occipitale assez profonde.	Le reste de la face antéro-supérieure de la tête inscrit entre les crêtes postorbitaire, sagittale et lambdoïde s'abaisse à peu près uniformément sous un angle de 35 à 40 degrés; depuis la crête sagittale jusqu'à la bosse pariétale largement saillante; d'où fosse pariéto-occipitale peu profonde. (Rapproché du Lion.)

FACE POSTÉRO-INFÉRIEURE DE LA TÊTE.

A. — *Région occipitale.*

LION.	TIGRE.	FELIS SPELÆA.
Le trou occipital est elliptique: son diamètre vertical est plus petit que son diamètre horizontal. De la bifurcation de la crête moyenne de l'occipital à l'orifice réel du trou, on rencontre	Le trou occipital est presque triangulaire, à angles arrondis; son diamètre horizontal ne l'emporte pas sur le diamètre vertical autant que chez le Lion. Ce trou est généralement plus grand	Le trou occipital est elliptique, plus grand que dans le Tigre, et à plus forte raison que dans le Lion. De la bifurcation de la crête moyenne de l'occipital à l'orifice réel, il n'y a pas

LION.	TIGRE.	FELIS SPELÆA.
une espèce de vestibule bien marqué.	que celui du Lion. De la bifurcation de la crête moyenne de l'occipital à l'orifice réel, on rencontre un vestibule peu marqué.	de vestibule. (Analogue au Tigre.)
Les condyles, peu détachés en arrière, forment en avant une saillie, séparés l'un de l'autre par une gouttière intermédiaire.	Les condyles, bien détachés en arrière, forment en avant une saillie très-peu marquée et sont séparés l'un de l'autre par une rainure intermédiaire.	Les condyles, très-détachés en arrière, forment en avant une dépression (à la place d'une saillie), et sont séparés l'un de l'autre par une élévation intermédiaire. (Rapproché du Tigre, mais distinct.)

FACE POSTÉRO-INFÉRIEURE.

B. — *Fosse gutturale.*

LION.	TIGRE.	FELIS SPELÆA.
1° Voûte basilaire trapézoïde, à petit côté antérieur, et offrant une crête moyenne large avec deux dépressions latérales assez profondes.	Voûte basilaire rectangulaire et offrant une crête moyenne étroite avec deux dépressions latérales peu profondes.	Voûte basilaire rectangulaire, mais tendant au trapèze antérieurement, et offrant une crête moyenne peu marquée avec deux dépressions latérales à peine indiquées. (Analogue au Tigre.)
La caisse vésiculaire ou tympanique, saillante en arrière, s'effile en pointe antérieurement.	La caisse vésiculaire, plus détachée dans son ensemble, présente sa plus forte saillie à la partie antérieure.	La caisse vésiculaire, en général moins saillante que chez le Lion et le Tigre, tend à s'effiler en pointe antérieurement. (Analogue au Tigre.)
Le conduit auditif externe est précédé d'un canal assez profond.	Le conduit auditif externe est précédé d'un canal moins profond.	Le conduit auditif externe, beaucoup plus volumineux, a un canal aussi profond que chez le Lion. (Analogue au Lion.)
Le vestibule de l'orifice postérieur des fosses nasales a des dimensions à peu près égales dans les quatre côtés, toutefois moins grandes transversalement ; ses parois latérales sont bombées et se regardent par leurs concavités. La paroi, supérieurement lisse, est parcourue par deux sutures.	Le vestibule de l'orifice postérieur des fosses nasales a des dimensions prépondérantes dans le sens antéro-postérieur. Sa paroi supérieure est parcourue par une crête médiane bordée de chaque côté par un sillon plus ou moins profond. Les deux sutures dessinent une espèce d'urne.	Disposition absolument pareille à celle qu'on observe chez le Lion.
Le contour de la cavité glénoïde est triangulaire, à base tournée en dedans ; son apophyse postérieure interne est de beaucoup plus	Le contour de la cavité glénoïde est plutôt ovoïde, à grosse extrémité ; tournée en dedans. Son apophyse postéro-interne est, quoique	Le contour de la cavité glénoïde est triangulaire. Son apophyse postéro-interne est de beaucoup plus forte que son apophyse antéro-

LION.	TIGRE.	FELIS SPELÆA.
grande que son apophyse antérieure externe; aussi est-elle peu profonde en dehors.	plus forte, à peu près égale à son apophyse antéro-interne ; aussi a-t-elle à peu près la même profondeur en dehors qu'en dedans.	interne; toutefois celle-ci est assez développée pour rendre le côté de la cavité glénoïde plus profond que dans le Lion. (Caractère intermédiaire plus rapproché du Lion.)
Au delà de la cavité glénoïde, l'arcade zygomatique, en se contournant, acquiert la plus grande épaisseur ; mais elle s'aplatit surtout de haut en bas, en sorte qu'elle offre une large face inférieure.	Au delà de la cavité glénoïde, l'arcade zygomatique, en se contournant plus brusquement, acquiert aussi sa plus grande épaisseur ; mais elle s'aplatit surtout d'un côté à l'autre, en sorte qu'elle offre seulement un bord inférieur.	Au delà de la cavité glénoïde, l'arcade zygomatique, en se contournant assez brusquement, conserve des dimensions à peu près égales, s'aplatit surtout latéralement; mais on ne peut dire qu'elle offre en bas, ni une face, ni un bord. (Intermédiaire plus rapproché du Tigre.)
Quand on examine la situation réciproque du condyle et du col, on voit qu'il y a une torsion par laquelle le condyle a été porté en dedans et l'angle porté en dehors. La colonne d'appui du condyle est épaissie.	Quand on examine la situation réciproque du condyle et du col, on voit qu'il y a une torsion par laquelle le condyle a été fortement porté en dedans et l'angle fortement porté en dehors. La colonne d'appui du condyle est étroite, presque tranchante.	Quand on examine la situation réciproque du condyle et du col, on voit que si le condyle est porté en dedans, il n'y a pas eu de torsion. L'angle de la mâchoire reste dans le plan de la colonne condylienne, laquelle est moins tranchante que celle du Lion. (Caractère intermédiaire.)
L'angle de la mâchoire est une apophyse épaisse peu détachée de l'os.	L'angle de la mâchoire est une apophyse forte, très-détachée de l'os.	L'angle de la mâchoire est une apophyse forte, bien détachée de l'os. (Rapproché du Tigre.) — Voy. pl. 6.

FACE POSTÉRO-SUPÉRIEURE.

Fosse palatine.

LION.	TIGRE.	FELIS SPELÆA.
L'arcade alvéolo-dentaire supérieure subit derrière la canine un rétrécissement marqué.	L'arcade alvéolo-dentaire supérieure subit derrière la canine un rétrécissement marqué.	L'arcade alvéolo-dentaire subit derrière la canine un rétrécissement à peine sensible. (Caractère propre.)
L'arcade alvéolo-dentaire inférieure forme un angle de plus en plus ouvert en arrière.	L'arcade alvéolo-dentaire inférieure forme un angle de plus en plus ouvert en arrière.	L'arcade alvéolo-dentaire inférieure forme un angle dont les côtés se rapprochent au niveau de la carnassière. (Caractère propre.)
La distance qui sépare le bord inférieur de la mâchoire inférieure du bord alvéolaire de cet os va sans cesse	La distance qui sépare le bord inférieur de la mâchoire inférieure du bord alvéolaire de cet os est sensible-	La distance qui sépare le bord inférieur de la mâchoire inférieure du bord alvéolaire est sensiblement la

LION.	TIGRE.	FELIS SPELÆA.
en augmentant de la prémolaire à la carnassière.	ment égale au niveau de la prémolaire et de la carnassière. Le corps du maxillaire inférieur présente un minimum de hauteur entre ces deux points.	même au niveau de la prémolaire et au niveau de la carnassière. (Rapproché du Tigre.)

(L'espace qui sépare la canine de la prémolaire inférieure est plus petit chez le Lion et le Tigre que chez le *Felis spelœa*.)

LION.	TIGRE.	FELIS SPELÆA.
Le bord inférieur du maxillaire inférieur s'épanouit en une véritable face à l'union du corps et de la branche de l'os. On trouve, à la séparation du corps et de la branche, une forte tubérosité au-dessous de la troisième molaire.	Le bord inférieur du maxillaire inférieur conserve d'avant en arrière sa forme à peu près demi-cylindrique. Il n'existe pas de tubérosité à l'union du corps et de la branche au-dessous de la troisième molaire.	Le bord inférieur du maxillaire inférieur conserve d'avant en arrière sa forme à peu près cylindrique, absolument comme chez le Tigre ; mais on trouve à l'union du corps et de la branche, au niveau de la troisième molaire, une tubérosité comme chez le Lion. (Intermédiaire.)

FACE LATÉRALE DE LA TÊTE.

Ceinture orbito-zygomatique.

LION.	TIGRE.	FELIS SPELÆA.
Le bord supérieur de l'arcade zygomatique décrit une ligne un peu contournée avant de se réunir à l'apophyse orbitaire externe.	Le bord supérieur de l'arcade zygomatique décrit une S italique avant de se réunir à l'apophyse orbitaire externe.	Le bord supérieur de l'arcade zygomatique décrit une S italique avant de se réunir à l'apophyse orbitaire externe. (Rapproché du Tigre.)
L'insertion du masséter, véritable gouttière, est très-prononcée.	L'insertion du masséter, véritable gouttière, est très-prononcée.	L'insertion du masséter est peu prononcée. (Caractère propre.)

FACE LATÉRALE DE LA TÊTE.

Fosse orbito-zygomatique.

LION.	TIGRE.	FELIS SPELÆA.
La paroi interne de la fosse orbito-zygomatique est divisée en deux parts sensiblement égales par une crête antéro-postérieure. Cette crête a sa concavité tournée en bas.	La paroi interne de la fosse orbito-zygomatique est divisée en deux parts sensiblement égales par une crête antéro-postérieure. Cette crête a sa concavité tournée en bas.	La paroi interne de la fosse orbito-zygomatique est divisée en deux parts à l'union du tiers inférieur avec les deux tiers supérieurs de cette paroi par une crête postérieure. Cette crête est horizontale. (Caractère propre.)
Le trou sphéno-palatin	Le trou sphéno-palatin est	Le trou sphéno-palatin

ARTICLE N° 4.

LION.	TIGRE.	FELIS SPELÆA.
est rond ; son diamètre est d'environ 1 centimètre.	rond ; son diamètre est d'environ un centimètre.	est plus grand, ovalaire et oblong d'arrière en avant; son diamètre est d'environ 2 centimètres.
Le trou optique a les mêmes dimensions à peu près chez le Tigre et le Lion.		Le trou optique est extrèmement grand chez le *Felis spelæa*, car il est presque égal au trou sphénoïdal. (Caractère propre.)

FACE LATÉRALE DE LA TÊTE.

Apophyse coronoïde.

LION.	TIGRE.	FELIS SPELÆA.
L'apophyse coronoïde proprement dite est épaisse antérieurement, et postérieurement elle descend presque verticalement sur le col du condyle.	L'apophyse coronoïde proprement dite est plus mince, presque tranchante antérieurement ; elle descend sur le col du condyle suivant un bord concave.	L'apophyse coronoïde proprement dite est plus épaisse que dans le Lion, moins tranchante que dans le Tigre. Postérieurement, elle descend sur le col du condyle suivant un bord concave. Cette apophyse est plus inclinée en bas et en arrière que chez le Lion et le Tigre. (Caractère propre.)
La fosse coronoïde est profonde, surtout en avant ; elle s'avance en pointe mousse jusqu'au niveau du bord postérieur de la carnassière.	La fosse coronoïde est profonde, surtout en arrière; elle s'avance en pointe mousse jusqu'au niveau du milieu de la carnassière.	La fosse coronoïde est peu profonde ; elle s'avance jusqu'au niveau du milieu de la carnassière. (Analogue au Tigre.)
La crête qui limite inférieurement la fosse coronoïde présente une forte rugosité.	La crête qui limite inférieurement la fosse coronoïde présente une véritable apophyse.	La crête qui limite inférieurement la fosse coronoïde présente seulement une série de tubercules rugueux. (Caractère propre.)

SURFACE INTÉRIEURE DE LA TÊTE.

Voûte crânienne.

LION.	TIGRE.	FELIS SPELÆA.
Les sinus frontaux sont carrés ; leur cavité est parcourue par des crêtes osseuses, elle est peu profonde.	Les sinus frontaux sont généralement rectangulaires, mais les angles supéro-antérieurs sont arrondis en forme de cintre ; leur cavité est lisse et assez profonde.	Les sinus frontaux sont moins carrés que dans le Lion, mais aussi moins allongés en rectangle que dans le Tigre ; le contour cintré antéro-supérieur existe. La cavité des sinus est lisse, très-profonde. (Intermédiaire, mais plus rapproché du Tigre.)

LION.	TIGRE.	FELIS SPELÆA.
La loge cérébrale de la voûte a le diamètre transversal à peu près égal au diamètre antéro-postérieur. La gouttière longitudinale est large. Les parois de la loge s'épaississent sur la région latérale.	La loge cérébrale de la voûte a le diamètre antéro-supérieur plus grand que le transversal. La gouttière longitudinale est étroite, profonde. Les parois de la loge ont une épaisseur sensiblement égale partout.	La loge cérébrale a, du moins en arrière, le diamètre transversal plus grand que l'antéro-supérieur. Pas de gouttière longitudinale. Les parois de la loge sont épaissies dans leur milieu. (Analogue au Lion.)
La tente osseuse du cervelet est épaisse, très-saillante au milieu de la loge cérébrale.	La tente osseuse du cervelet est mince, assez saillante dans la loge cérébrale.	La tente osseuse du cervelet est mince, peu saillante dans la loge cérébrale.
La loge cérébelleuse de la voûte est peu profonde.	La loge cérébelleuse, losangique à son grand diamètre, est profonde.	La loge cérébelleuse, losangique à grand diamètre transversal, est profonde, surtout au moyen d'une large gouttière préoccipitale. (Rapproché du Tigre.)

Base du crâne.

LION.	TIGRE.	FELIS SPELÆA.
Les sinus frontaux, fortement excavés, s'ouvrent largement et directement dans les fosses nasales.	Les sinus frontaux, moins profonds, s'ouvrent indirectement par des orifices étroits dans les fosses nasales.	Les sinus frontaux, peu profonds, s'ouvrent indirectement par des orifices limités dans les fosses nasales. (Rapproché du Tigre.)
La loge cérébrale de la base du crâne, dans son ensemble, est peu profonde ; ses parois, d'inégale épaisseur, tendent à s'écarter de la ligne médiane.	La loge cérébrale de la base du crâne, examinée dans son ensemble, est profonde ; ses parois, d'égale épaisseur, semblent tendre à se relever sur la ligne médiane.	La loge cérébrale de la base du crâne, examinée dans tout son ensemble, est peu profonde ; ses parois, d'inégale épaisseur, tendent à s'étaler loin de la ligne médiane. (Rapproché du Lion.)
L'entonnoir nasal de la fosse ethmoïdale est de forme ovalaire.	L'entonnoir nasal de la fosse ethmoïdale est de forme carrée.	L'entonnoir nasal de la fosse ethmoïdale est de forme ovalaire. (Analogue au Lion.)
Le lobe frontal du cerveau s'imprime très-nettement sur la partie correspondante de la fosse ethmoïdale.	Le lobe frontal du cerveau s'imprime fort peu sur la partie correspondante de la fosse ethmoïdale.	Le lobe frontal du cerveau s'imprime très-nettement sur la partie correspondante de la fosse ethmoïdale. (Très-rapproché du Lion.)
Entre le trou optique et le trou sphénoïdal, la distance est de $0^m,012$ environ.	Entre le trou optique et le trou sphénoïdal, la distance est d'environ $0^m,012$.	Entre le trou optique et le trou sphénoïdal, la distance est de $0^m,024$. (Caractère propre.)
Les bords libres de la tente osseuse du cervelet sont peu saillants, épais, parallèles entre eux ; ils s'écartent notablement de la ligne médiane ; ils s'élèvent au-	Les bords libres de la tente osseuse du cervelet sont saillants, très-minces, parallèles entre eux ; ils sont rapprochés de la ligne médiane ; ils s'élèvent beaucoup	Les bords libres de la tente osseuse du cervelet sont peu saillants, ni minces, ni épais, légèrement obliques d'arrière en avant et de dehors en dedans ; ils sont

LION.	TIGRE.	FELIS SPELÆA.
dessus de la gouttière basilaire ; d'où : 1° Gouttière basilaire et loge cérébelleuse large et profonde. 2° Distance d'au moins un centimètre entre l'apophyse clinoïde postérieure et la série des trous orbito-zygomatiques.	au-dessus de la gouttière basilaire ; d'où : 1° Gouttière basilaire et loge cérébelleuse étroite et très-profonde. 2° Distance d'un demi-centimètre entre l'apophyse clinoïde postérieure et la série des trous orbito-zygomatiques.	les plus écartés de la ligne médiane et s'élèvent très-peu au-dessus de la gouttière ; d'où : 1° Gouttière basilaire et loge cérébelleuse très-large, peu profonde. 2° Distance d'au moins 2 centimètres entre l'apophyse clinoïde postérieure et la série des trous orbito-zygomatiques. (Caractère propre, mais rapproché du Lion.)

DES DENTS.

Dans la description qui précède, nous avons omis à dessein de parler des dents, nous réservant de leur consacrer un article spécial.

Disons tout de suite que les dents du *Felis spelæa* se distinguent de celles du Lion et de celles du Tigre par leurs dimensions toujours plus considérables.

Leur forme générale les rapproche d'ailleurs plutôt des dents de Lion que des dents de Tigre.

Canines. — Ainsi que nous venons de le dire, les canines de *Felis spelæa* sont plus grosses et plus longues que celles de Lion ou de Tigre ; toutefois la différence en largeur nous paraît plus considérable que la différence en longueur.

Au reste, nous n'avons pu que très-imparfaitement faire cette comparaison, car nous ne disposions pour nos recherches que d'un petit nombre de dents de Lion ou de Tigre isolées, et il a fallu nous contenter, pour la majeure partie, de comparee les portions de canines qui étaient saillantes hors de l'alvéole. Au contraire, les dents fossiles étant pour la plupart isolées, nous avons pu les examiner d'une manière plus complète Voici les dimensions principales des dents canines de notre collection :

NUMÉROS.	LONGUEUR maximum mesurée en ligne droite, depuis l'extrémité de la racine jusqu'à la pointe de la dent.	LONGUEUR mesurée en suivant la courbure antérieure.	LONGUEUR mesurée en suivant la courbure postérieure.	LONGUEUR de la partie émaillée.	ÉPAISSEUR dans le sens antéro-postérieur.	ÉPAISSEUR d'un côté à l'autre.
	m	m	m	m	m	m
1	0,153	0,169	0,154	0,065	0,042	
2	0,140	0,165	0,147	0,060	0,040	
3	0,135	0,150	0,135	0,055	0,033	0,023
4	0,125	0,145	0,127	0,051	0,045	0,026
5	0,124	0,150	0,120	0,057	0,030	
6	.....	.....	.....	0,045	0,030	0,021

Voici les mesures qu'il nous a été possible de prendre sur les canines de Lion ou de Tigre non isolées :

	Longueur de la partie émaillée.	Épaisseur dans le sens antéro-postérieur.	Épaisseur d'un côté à l'autre.
Lion n° 1	0,064	0,026	0,019
Lion n° 2	0,046	0,022	0,017
Tigre n° 1	0,065	0,026	0,019

Comme on le voit, tandis que la partie des canines qui fait saillie hors de l'alvéole est quelquefois aussi longue chez les Lions ou les Tigres actuels que chez les fossiles, elle n'atteint jamais, chez les premiers, une épaisseur pareille à celle de ces derniers.

Sur les sujets que nous avons pu étudier, les canines de Tigre et de Lion présentent les différences suivantes : Les canines du Tigre sont un peu plus concaves à leur face interne, elles sont aussi plus tranchantes sur leur bord postérieur ; et en général leur diamètre antéro-postérieur, mesuré au niveau de la base de l'émail, est plus grand que celui des dents du Lion, tandis que l'épaisseur de la dent, mesurée d'un côté à l'autre, est moindre.

Il résulte de ceci que la dent de Tigre ressemble plus que celle de Lion à une lame de couteau.

Nous avons observé sur les canines du Lion une crête saillante à la partie la plus interne de la face antérieure de la dent. Cette crête est à peine accusée chez le Tigre.

ARTICLE N° 4.

Les canines du fossile sont analogues par leur forme générale
à celles du Lion.

Molaires supérieures. — La première molaire manque sur
nos spécimens. Nous allons donc examiner la deuxième molaire
et la carnassière.

Deuxième molaire. — Quoique les molaires du Lion ressemblent beaucoup à celles du Tigre, un examen très-attentif nous
a conduit à observer entre elles quelques différences. La
deuxième molaire du Lion nous a semblé être proportionnellement plus forte que celle du Tigre ; son lobe médian est plus
aplati à la base et moins rapproché de la forme d'un cône.

Chez le Tigre, la moindre épaisseur de la dent est au-dessous
du lobe médian, tandis que chez le Lion elle correspond au lobe
antérieur. La dent du Lion va augmentant d'épaisseur d'avant
en arrière, tandis que celle du Tigre est moins épaisse dans son
milieu qu'à son extrémité.

Voici les dimensions comparées de cette dent chez le Lion,
le Tigre et le *Felis spelæa*.

	Plus grande longueur.	Plus grande épaisseur.
	m	m
Lion....................................	0,025	0,013
Tigre...................................	0,023	0,011
Felis spelæa, de notre collection...............	0,029	0,015
— de notre collection...............	0,029	0,015
— d'après Schmerling...............	0,029	
— fossile de la collection de Munster...	0,027	

Carnassière. — La carnassière du Tigre présente à la base de
la couronne, sur la face externe, une ligne légèrement saillante
et sinueuse, qui, considérée d'avant en arrière, est convexe en
haut et en dehors au niveau du premier lobe concave, au niveau
du lobe moyen, et redevient convexe en arrière au niveau du
troisième lobe. Ce dernier se prolonge de bas en haut et d'avant
en arrière pour former une saillie constituant un véritable talon.
Cette ligne se termine en avant, au bas du lobe antérieur de la
carnassière, par un petit tubercule que nous n'avons pas observé
chez le Lion. La carnassière de celui-ci présente à sa base une

ligne moins sinueuse, convexe au niveau du premier lobe, à peine concave au niveau du lobe médian, et convexe au-dessous du lobe postérieur, qui est plus volumineux et se continue presque verticalement avec la racine de la dent, au lieu de former un talon.

Le lobe antérieur est à peu près d'égale dimension chez les deux animaux, mais le lobe médian de la carnassière du Lion est plus haut que celui de la carnassière du Tigre.

Dans l'espèce fossile, la forme de la ligne qui limite extérieurement l'émail est semblable à celle des dents de Lion. L'absence d'un talon en arrière rapproche aussi la carnassière du *Felis spelœa* de celle du Lion.

Voici les principales dimensions de la carnassière :

Plus grande longueur.

	Felis spelœa.	Lion.	Tigre.
Nº 1......	0,041	0,037	0,036
Nº 2......	0,039		
Nº 3......	0,038		

Plus grande épaisseur sous le lobe médian.

	Felis spelœa.	Lion.	Tigre.
Nº 1......	0,015	0,014	0,012
Nº 2......	0,015		
Nº 3......	0,015		

Plus grande hauteur du lobe médian.

	Felis spelœa.	Lion.	Tigre.
Nº 1......	0,023	0,021	0,019

Longueur comprise entre le tubercule interne et antérieur de la carnassière et l'extrémité postérieure de l'alvéole.

	Felis spelœa.	Lion.	Tigre.
Nº 1......	0,036	0,036	0,028

Dents du maxillaire inférieur.

Les dents du maxillaire inférieur du *Felis spelœa* sont de tout point semblables à celles du Lion, sauf leur volume toujours plus considérable.

Il est à remarquer que la dernière molaire n'est pas plus longue que la deuxième chez le Lion, tandis qu'elle est plus longue chez le Tigre.

ARTICLE Nº 4.

Cette observation appartient à sir G. Buck, qui a imaginé, pour distinguer le Lion du Tigre, en se fondant sur les rapports des dents en longueur et en épaisseur, un moyen des plus ingénieux que nous allons rapporter.

Après avoir préparé un papier sur lequel sont tracées des lignes horizontales parallèles séparées les unes des autres par un égal intervalle, un millimètre par exemple, et des lignes verticales également parallèles et séparées les unes des autres par un intervalle d'un millimètre, on mesure la plus grande longueur de la première dent, et l'on marque cette longueur sur l'une des lignes horizontales, à partir de l'un des points où la ligne horizontale est coupée par une verticale ; on mesure ensuite la plus grande épaisseur de la même dent, et on la porte sur la même ligne horizontale.

La longueur et l'épaisseur de chacune des autres dents sont rapportées de la même manière sur l'une des lignes horizontales situées au-dessous de celle où ont été marquées la longueur et l'épaisseur de la première ; de telle sorte que toutes les lignes horizontales sur lesquelles ont été rapportées les mesures soient à égale distance les unes des autres, et que l'origine des mesures pour chacune des dents soit sur une même verticale. Les choses étant ainsi disposées, sir G. Buck réunit entre eux, par une ligne droite, les points qui sur chacune des lignes correspondent aux longueurs, et il réunit également par une deuxième ligne droite ceux qui correspondent aux épaisseurs. Il obtient ainsi une figure différente, suivant qu'il s'agit d'un Tigre ou d'un Lion. Ces figures sont représentées sur la planche 6, sous les n°s 3, 4, 5 et 6, où, pour chacun des numéros, le dessin placé en haut représente les dents du maxillaire supérieur, et le dessin placé en dessous représente celles du maxillaire inférieur.

Il est visible, à la simple inspection de ces figures, que le *Felis spelæa* est, sous le rapport des dimensions relatives des dents, semblable aux Lions.

C'est surtout pour le maxillaire inférieur que le moyen de distinction entre le Lion et le Tigre, indiqué par sir G. Buck, donne des résultats d'une grande netteté, comme on peut en juger à l'inspection des figures portées sur la planche 6.

Nous allons faire connaître les principales dimensions des dents du maxillaire inférieur de notre collection.

	1re MOLAIRE.		2e MOLAIRE.		3e MOLAIRE.	
	Longueur.	Épaisseur.	Longueur.	Épaisseur.	Longueur.	Épaisseur.
Lion actuel........................	0,018	0,009	0,027	0,013	0,027	0,013
Tigre actuel......................	0,017	0,009	0,024	0,012	0,027	0,013
Felis spelœa, d'après Goldfuss.	0,019	....	0,029	... .	0,033	
— Cuvier, collection d'Ebel...	0,018	.....	0,028	.....	0,030	
— Schmerling.	0,019	.....	0,030	.....	0,031	
— collection de lord Cole, d'après de Blainville... .	0,019	.....	0,028	.....	0,029	
— notre collection..........	0,021	0,011	0,030	0,014	0,030	0,014
— id...................	0,021	0,011	0,031	0,015	0,031	0,015
— id...................	0,020	0,010	0,028	0,014	0,028	0,014

Il est à remarquer que des maxillaires du *Felis spelœa*, dont la dimension est égale ou inférieure à celle des plus grands Lions, supportent cependant des molaires plus grosses que ces derniers.

Il nous a paru intéressant de rechercher le rapport qui existe entre la longueur basilaire du crâne et celle des dents chez le Lion et le fossile. Ces rapports sont les suivants (la longueur de la dent (1) :

Pour la 1re molaire inférieure.......	Lion..........	17,77
	Fossile.........	15,00
Pour la 2e molaire inférieure.......	Lion..........	12,30
	Fossile..........	10,86
Pour la 3e molaire inférieure.......	Lion..........	11,85
	Fossile.........	10,16

Ces rapports sont évidemment fort différents.

Le rapport entre la longueur maximum du maxillaire, mesurée en ligne droite depuis le bord incisif externe jusqu'au bord postérieur du condyle, et la plus grande longueur de chacune des dents, présente des différences analogues aux précédentes. Ce rapport est le suivant :

Pour la 1re dent......	Lion.........	14,11
	Felis spelœa....	13,00
Pour la 2e dent...............	Lion.........	10,43
	Felis spelœa....	8,80
Pour la 3e dent.............	Lion.........	10,00
	Felis spelœa....	8,83

En résumé, la tête du *Felis spelœa* nous paraît incontestablement analogue à celle du Lion :

1° Par la largeur de la partie antérieure du museau.

2° Par la forme générale et la dimension des os du nez.

3° Par la forme de la suture fronto-maxillaire, et la position de cette suture par rapport à la suture fronto-nasale.

4° Par la saillie prononcée que présente la crête sagittale au point de jonction des pariétaux et du frontal, saillie qui n'existe pas chez les Tigres.

5° Par la forme très-concave de la voûte palatine.

6° Par la distance comprise entre les trous palatins postérieurs.

7° Par la saillie que présente le bord inférieur du maxillaire au niveau de la troisième molaire.

8° Par la forme de la cavité cérébrale.

Elle nous paraît se rapprocher incontestablement du Tigre :

1° Par la brièveté de la ligne droite comprise entre les deux trous sous-orbitaires ; par la brièveté de la ligne comprise entre les deux trous lacrymaux. La tête du *Felis spelœa* présente en effet, dans toute la région comprise entre les deux fosses sous-orbitaires, une étroitesse qu'on n'observe pas chez le Lion, et elle paraît moins surbaissée que celle de ce dernier animal.

2° Par la portion du frontal qui est en arrière des apophyses postorbitaires et forme la voûte des sinus. Cette partie du frontal est ordinairement plus saillante chez les Tigres que chez les Lions.

3° Par la forme du bord supérieur de l'arcade zygomatique plus contournée que chez le Lion.

4° Par la forme et la dimension du trou occipital.

5° Par la hauteur du corps du maxillaire inférieur, aussi grande en avant au niveau de la première molaire qu'en arrière au niveau de la dernière.

6° Par la forme du bord inférieur du maxillaire inférieur et de l'apophyse qui termine l'angle de ce maxillaire.

7° Par la fosse coronoïde peu profonde et limitée inférieurement par une série de tubercules rugueux.

Enfin nous signalons comme constituant des caractères intermédiaires :

1° La forme des apophyses postorbitaires, qui sont courtes et recourbées en bas comme chez les Tigres.

2° La saillie de l'alvéole canine supérieure, moins forte que chez le Tigre et plus forte que chez le Lion.

Nous considérons en outre comme caractères propres à l'espèce fossile :

1° Le rétrécissement de l'arcade alvéolo-dentaire derrière la canine supérieure, qui est beaucoup moindre que chez les Tigres et les Lions actuels.

2° La forme générale de l'espace interorbitaire, moins large et moins excavée que dans les Lions, et cependant plus large et moins bombée que dans les Tigres.

3° La division horizontale de la crête qui divise en deux parts la paroi interne de la fosse orbito-zygomatique à l'union du tiers inférieur avec les deux tiers supérieurs.

4° La dimension considérable du trou optique.

5° La distance considérable qui sépare le trou optique du trou sphénoïdal.

6° La distance qui sépare l'apophyse clinoïde postérieure de la série des trous orbito-zygomatiques.

7° La grosseur des dents et la forme des canines, dont le diamètre antéro-postérieur nous paraît relativement plus grand que chez les Lions ou les Tigres.

Il nous est donc impossible de nous ranger à l'opinion de MM. Boyd Dawkins et Ayshford Sandford ; et, tout en reconnaissant le mérite et l'exactitude des observations de ces savants, nous croyons être autorisés, par les résultats de nos recherches, à considérer. d'accord avec Goldfuss, Cuvier, Blainville, M. Gervais, etc., le grand Chat des cavernes comme une espèce distincte, offrant des caractères propres au Lion, des caractères propres au Tigre et même au Jaguar, et se distinguant de ces. espèces par des caractères qui lui sont particuliers.

Nous aurons à examiner dans la deuxième partie de ce travail si cette opinion est confirmée par l'étude des autres parties du squelette de cet animal.

MESURES DES DIVERSES PARTIES DU CRANE DU FELIS SPELÆA.

1. Longueur comprise entre le bord alvéolaire externe des incisives sur la ligne médiane et l'épine occipitale...................... 0,410 m
2. Longueur comprise entre le même bord incisif et le bord postérieur du trou occipital.. 0,488
3. Longueur comprise entre le bord alvéolaire interne des incisives et le bord antérieur du trou occipital................................ 0,318
4. Plus grande largeur des arcades zygomatiques..................... 0,245
5. Épaisseur maximum de l'intermaxillaire dans le sens vertical, au niveau des incisives..
6. Largeur de l'intermaxillaire sur la partie antérieure de la face, du rebord alvéolaire d'une canine à l'autre...............................
7. Plus grande largeur du museau, mesurée en ligne droite du bord alvéolaire externe d'une canine au bord alvéolaire externe de la canine du côté opposé. 0,110
8. Distance comprise entre le bord incisif externe et le point le plus haut de la suture maxillo-naso-intermaxillaire........................... 0,096
9. Distance horizontale qui sépare le point le plus élevé de la suture maxillo-naso-intermaxillaire d'un côté de celui du côté opposé...........
10. Plus grande dimension de l'orifice nasal en hauteur............... 0,072
11. Plus grande dimension de l'orifice nasal en largeur, mesurée au niveau des pointes qui terminent le nez en avant........................ 0,059
12. Longueur maximum des os du nez................................. 0,105
13. Longueur minimum des os du nez................................. 0,085
14. Longueur du maxillaire supérieur comprise entre le bord alvéolaire externe de la canine et le point le plus haut de la suture fronto-maxillaire... 0,153
15. Largeur anté-postérieure du maxillaire supérieur comprise entre son origine au bord alvéolaire de la canine en avant et sa terminaison en arrière de la carnassière.. 0,125
16. Hauteur du maxillaire supérieur mesurée à partir de sa terminaison en arrière de la carnassière jusqu'au point le plus élevé de la suture xillo-frontale (hauteur verticale)................................ 0,127

17.　Longueur antéro-postérieure du frontal depuis la suture fronto-nasale
(ligne médiane) jusqu'à la suture fronto-pariétale..................　0,125

18.　Largeur comprise entre les deux pointes des apophyses postorbitaires...　0,113

19.　Distance comprise entre le point le plus haut de la suture maxillo-naso-
frontale et la pointe de l'apophyse postorbitaire correspondante.....　0,059

20.　Longueur comprise entre la suture naso-frontale (ligne médiane) et la
pointe d'une apophyse postorbitaire...........................　0,075

21.　Longueur composée entre la suture fronto-pariétale sur la crête occipitale et la pointe d'une apophyse postorbitaire...................　0,091

22.　Plus grande dimension du trou sous-orbitaire en hauteur...........　0,024

23.　Plus grande dimension du trou sous-orbitaire en largeur...........　0,012

24.　Épaisseur de la lame qui sépare le bord inférieur de l'orbite du bord supérieur du trou sous-orbitaire................................

25.　Distance horizontale comprise entre le trou sous-orbitaire d'un côté et
celui du côté opposé (moindre distance), mesurée en ligne droite.....　0,095

26.　Distance horizontale comprise entre le trou lacrymal d'un côté et celui
du côté opposé..　0,090

27.　Dimension du trou occipital dans le sens horizontal..............　0,030

28.　Dimension du trou occipital dans le sens vertical................　0,034

29.　Hauteur verticale de la suture des os du nez en avant (point le plus bas
dans la fente qui sépare les deux os).........................　0,098

30.　Hauteur de la suture fronto-naso-maxillaire....................　0,122

31.　Hauteur du front entre les apophyses postorbitaires (point le plus bas)...　0,142

32.　Plus grande hauteur du front................................　0,150

33.　Hauteur de la pointe des apophyses postorbitaires...............　0,132

34.　Hauteur de la suture fronto-pariétale.........................　0,143

35.　Hauteur de la suture fronto-maxillaire (point le plus haut)..........　0,134

36.　Hauteur du bord supérieur du trou sous-orbitaire................　0,083

37.　Hauteur de l'arcade zygomatique au point le plus haut de sa suture avec
l'os malaire..　0,081

38.　Hauteur de la pointe de l'apophyse sous-orbitaire................　0,110

39.　Hauteur du bord frontal au niveau de l'unguis..................　0,108

40.　Point le plus haut de la crête occipitale au delà du V d'origine........　0,143

41.　Hauteur de la suture fronto-nasale (point le plus haut dans la fente)....　0,130

42.　Hauteur de la suture maxillo-intermaxillaire....................　0,104

43.　Longueur de l'intermaxillaire dans la voûte palatine...............　0,057

44.　Longueur du maxillaire supérieur dans la voûte palatine (ligne médiane).　0,056

45.　Longueur antéro-postérieure du palatin (ligne médiane)............　0,063

46.　Distance comprise entre le bord antérieur du trou occipital et le bord
postérieur du sphénoïde antérieur...........................　0,093

47.　Largeur de la cavité gutturale au niveau de la soudure du palatin avec le
sphénoïde..

48.　Distance qui sépare l'un de l'autre les trous palatins postérieurs........　0,068

49.　Espace occupé par les incisives (mesuré sur le bord alvéolaire)........　0,055

50.　Espaces occupés par les molaires.............................　0,080

51.　Distance horizontale de la pointe d'une canine à celle du côté opposé...　0,085

ARTICLE N° 4.

52. Distance horizontale de la pointe de la première molaire à celle du côté opposé. ....

53. Distance horizontale qui sépare la deuxième molaire de celle du côté opposé.. 0,093

54. Distance horizontale qui sépare le tubercule le plus saillant de la carnassière du tubercule le plus saillant de celle du côté opposé......... 0,120

55. Distance comprise entre les trous palatins postérieurs et le bord palatin.. 0,050

MAXILLAIRE INFÉRIEUR.

1° Longueur comprise entre le bord alvéolaire interne des incisives (ligne médiane) et le sommet de l'apophyse coronoïde :

 Maxillaire correspondant au crâne n° 1....... 0,245
 Autre maxillaire — n° 2....... 0,280
 Autre maxillaire — n° 3....... 0,270

2° Longueur comprise entre le bord alvéolaire interne des incisives et la pointe interne du condyle :

 Maxillaire n° 1................... 0,238
  — 2................... 0,252
  — 3................... 0,255

3° Longueur comprise entre le bord alvéolaire externe et la pointe externe du condyle (mesure prise en suivant la courbure de l'os en avant) :

 Maxillaire n° 1................ 0,268
  — 2................ 0,285
  — 3................ 0,285

4° Longueur comprise entre le bord alvéolaire externe et le sommet de l'apophyse qui termine l'angle de la mâchoire (mesure prise en suivant la courbure de l'os en avant) :

 Maxillaire n° 1................... 0,270
  — 2................... 0,290
  — 3................... 0,292

5° Largeur comprise entre le bord alvéolaire externe des incisives et le point le plus bas de la symphyse en avant.

 Maxillaire n° 1................... 0,081
  — 2................... 0,093
  — 3...................

6° Distance comprise entre le bord alvéolaire interne des incisives et le point le plus bas de la symphyse en dedans.

$$
\begin{array}{llr}
\text{Maxillaire n° 1} & \dotfill & 0{,}078 \\
\text{—} \quad 2 & \dotfill & 0{,}091 \\
\text{—} \quad 3 & \dotfill & 0{,}092
\end{array}
$$

Maxillaire n° 1	....	0,078
— 2	....	0,091
— 3	....	0,092

7° Espace occupé par les incisives :

Maxillaire n° 1	....	0,041

8° Espace occupé par les molaires :

Maxillaire n° 1	....	0,080
— 2	....	0,081
— 3	....	0,083

9° Distance horizontale d'une canine à celle du côté opposé :

Maxillaire n° 1	....	0,075

10° Distance horizontale de la première molaire à celle du côté opposé :

Maxillaire n° 1	....	0,075

11° Distance horizontale de la deuxième molaire à celle du côté opposé :

Maxillaire n° 1	....	0,094

12° Distance horizontale de la deuxième molaire à celle du côté opposé :

Maxillaire n° 1	....	0,100

13° Largeur du menton mesurée du bord externe de l'alvéole d'une canine au bord externe de l'alvéole de l'autre canine :

Maxillaire n° 1	....	0,063

14° Hauteur verticale de l'apophyse coronoïde :

Maxillaire n° 1	....	0,121
— 2	....	0,136
— 3	....	0,140

15° Hauteur verticale du condyle :

Maxillaire n° 1	....	0,055
— 2	....	0,054
— 3	....	0,057

ARTICLE N° 4.

16° Largeur de la fosse coronoïdienne à partir du condyle à la naissance de l'apophyse coronoïde :

$$
\begin{array}{ll}
\text{Maxillaire n° 1} & 0,102 \\
\qquad\quad\ - \quad 2 & 0,124 \\
\qquad\quad\ - \quad 3 & 0,128 \\
\end{array}
$$

17° Distance verticale comprise entre le bord inférieur du maxillaire et le bord alvéolaire externe en arrière de la dernière molaire.

$$
\begin{array}{ll}
\text{Maxillaire n° 1} & 0,050 \\
\qquad\quad\ - \quad 2 & 0,060 \\
\qquad\quad\ - \quad 3 & 0,059 \\
\end{array}
$$

18° Distance verticale comprise entre le bord inférieur du maxillaire et le bord alvéolaire externe au-dessous de la deuxième molaire.

$$
\begin{array}{ll}
\text{Maxillaire n° 1} & 0,048 \\
\qquad\quad\ - \quad 2 & 0,056 \\
\qquad\quad\ - \quad 3 & 0,056 \\
\end{array}
$$

19° Distance verticale comprise entre le bord inférieur du maxillaire et le bord alvéolaire externe au-dessous de la première molaire :

$$
\begin{array}{ll}
\text{Maxillaire n° 1} & 0,049 \\
\qquad\quad\ - \quad 2 & 0,056 \\
\qquad\quad\ - \quad 3 & 0,056 \\
\end{array}
$$

20° Distance verticale comprise entre le bord inférieur du maxillaire et le bord supérieur au milieu de l'intervalle qui sépare la canine de la première molaire :

$$
\begin{array}{ll}
\text{Maxillaire n° 1} & 0,048 \\
\qquad\quad\ - \quad 2 & 0,056 \\
\qquad\quad\ - \quad 3 & 0,060 \\
\end{array}
$$

21° Valeur de l'angle que forment les deux branches du maxillaire au bord inférieur :

$$
\text{Maxillaire n° 1} \qquad 55 \text{ degrés.}
$$

22° Distance comprise entre le bord alvéolaire externe et le bord postérieur du condyle (mesurée en ligne droite).

$$
\begin{array}{ll}
\text{Maxillaire n° 1} & 0,267 \\
\qquad\quad\ - \quad 2 & 0,278 \\
\qquad\quad\ - \quad 3 & 0,276 \\
\end{array}
$$

OS DU MEMBRE SUPÉRIEUR.

Les os du membre du grand Chat des cavernes sont, comme nous avons eu déjà occasion de le dire, plus volumineux que ceux des grands *Felis* de l'époque actuelle : leur forme les rapprochent, en général, beaucoup plus du Lion que du Tigre ; cependant plusieurs d'entre eux présentent des caractères qui établissent une incontestable analogie entre le fossile et ce dernier animal. Comme l'a parfaitement fait remarquer de Blainville, les os du *Felis spelœa* sont proportionnellement plus volumineux que ceux des Lions et des Tigres dans toutes leurs parties, mais surtout à leurs extrémités.

Humérus. — Nous étudierons successivement l'extrémité supérieure, le corps et l'extrémité inférieure de cet os.

L'extrémité supérieure comprend la tête, ou portion articulaire, la grosse et la petite tubérosité de l'humérus. Considérée dans son ensemble, cette extrémité frappe d'abord par son énorme dimension.

Nous avons observé sur les squelettes qui ont servi à nos comparaisons, que la portion articulaire de l'extrémité supérieure de l'humérus de Tigre est plus étendue suivant le diamètre antéro-postérieur, et se projette plus en arrière que sur les humérus de Lion et de *Felis spelœa*. La grosse tubérosité des humérus de Lion se continue par la face externe avec le bord antérieur de l'os en formant avec lui un angle presque droit. Sur les humérus de Tigre ce dernier bord, au lieu d'être sensiblement horizontal, est oblique de haut en bas, d'arrière en avant, de dehors en dedans, et forme, en se réunissant au bord antérieur de l'os, un angle obtus ouvert en arrière.

Le bord supérieur est plus élevé dans sa portion antérieure, par rapport au niveau de la surface articulaire humérale chez le Lion que chez le Tigre. Si l'on fait passer un plan par la portion antérieure de ce bord et par le sommet de la petite tubérosité, on observe que ce plan suit une direction presque horizontale sur l'humérus de Tigre, tandis qu'il s'incline de haut en bas et de dehors en dedans sur celui de Lion. La portion osseuse qui est située immédiatement au-dessous de ce plan et correspond à la partie la plus élevée de la gouttière bicipitale, est plus excavée à ce niveau chez le dernier de ces animaux que chez le premier.

Le *Felis spelœa* présente sous tous ces rapports une disposition intermédiaire entre celle du Lion et celle du Tigre.

Le diamètre antéro-postérieur de la petite tubérosité de l'humérus de Tigre est plus étendu que celui de l'humérus de Lion. Ce diamètre est beaucoup plus considérable encore sur les humérus fossiles. Les nombres suivants donnent la mesure de ces différences :

Felis spelœa n° 1.	*Felis spelœa* n° 3.	Lion.	Tigre.
0ᵐ,052	0ᵐ,055	0ᵐ,043	0ᵐ,047

Le bord interne de la petite tubérosité de l'humérus de Lion a une direction oblique de haut en bas, d'avant en arrière et de dehors en dedans. Cette direction est encore oblique d'arrière en avant et de dehors en dedans sur l'humérus de Tigre, mais elle est beaucoup plus oblique de haut en bas. La direction de ce bord sur les humérus du grand Chat des cavernes est intermédiaire entre celle du Lion et celle du Tigre.

La portion osseuse qui supporte la petite tubérosité a une étendue plus considérable chez le Tigre et le *Felis spelœa* que chez le Lion. Ses dimensions chez les trois animaux sont les suivantes :

Lion n° 1.	Lion n° 2.	Tigre.	*Felis spelœa* n° 1.	*Felis spelœa* n° 3.
0ᵐ,040	0ᵐ,041	0ᵐ,045	0ᵐ,052	0ᵐ,051

Si l'on compare ces grandeurs à la longueur totale de l'os chez les trois animaux, on obtient les rapports suivants :

Lion n° 1.	Lion n° 2.	Tigre.	*Felis spelœa* n° 1.	*Felis spelœa* n° 3.
8,25	7,68	6,88	6,88	7,15

Ces rapports semblent indiquer une analogie entre le Tigre et l'espèce fossile.

Le corps de l'humérus offre à considérer trois faces et trois bords.

Les faces sont, l'une interne, la deuxième externe, la troisième postérieure.

La face interne n'offre aucun caractère particulier. On observe sur la face externe l'empreinte deltoïdienne et la gouttière de torsion de l'os.

L'empreinte deltoïdienne de l'humérus de Tigre est proportionnellement plus large, surtout dans la partie moyenne, que celle de l'humérus de Lion. Chez le *Felis spelœa* elle est analogue au Lion par sa forme générale et s'en éloigne par la longueur plus considérable.

Sur les squelettes que nous avons pu observer, la gouttière de torsion est plus convexe quand il s'agit du Tigre que lorsqu'il s'agit du Lion ou des humérus fossiles.

La face postérieure est plus convexe dans sa partie supérieure sur l'humérus de Tigre que sur celui de Lion et de *Felis spelœa*, ce qui est dû à la projection en arrière de la tête de l'os chez le premier de ces animaux.

Les bords sont, l'un antérieur, le deuxième externe, le troisième interne.

Nous avons déjà signalé la différence qui existe dans la manière dont le bord antérieur se continue avec la grosse tubérosité sur chacun des animaux qui nous occupent.

Le bord interne et le bord externe qui limitent la face postérieure de l'os suivent la direction de cette face, qui a été déjà décrite comme différente chez le Lion et le Tigre. Le *Felis spelœa* se rapproche du Lion par la forme de ces bords.

Extrémité inférieure. — On observe sur l'extrémité inférieure de dehors en dedans :

1° L'épicondyle.

2° Le condyle articulaire avec le radius.

3° La trochlée articulaire avec le cubitus, surmontée à la face antérieure par une dépression (fosse coronoïdienne), en arrière par une dépression plus profonde (fosse olécrânienne), et en outre par une éminence (épitrochlée), au-dessus de laquelle on trouve le trou artériel cubital.

L'épicondyle du Lion est moins volumineux que celui du Tigre et du *Felis spelæa*, on voit très-bien la différence quand on observe la face postérieure de l'os. Le condyle a son diamètre antéro-postérieur plus étendu chez les deux derniers animaux.

Voici la dimension mesurée au niveau du bord externe :

Lion n° 1.	Lion n° 2.	Tigre.	*Felis spelæa* n° 1.	*Felis spelæa* n° 3.
0^m,045	0^m,044	0^m,047	0^m,055	0^m,063

Le condyle du Tigre est plus convexe que celui du Lion, et, considéré par sa portion antérieure et supérieure, il se rapproche davantage de la face externe de l'os chez le premier que chez le Lion. Le condyle du *Felis spelæa* est volumineux et convexe comme celui du Tigre, mais se rapproche moins de la face externe que ce dernier.

La gouttière qui sépare le condyle de la trochlée nous a présenté l'épaisseur suivante, dans le sens antéro-postérieur :

Lion n° 1.	Lion n° 2.	Tigre.	*Felis spelæa* n° 1.	*Felis spelæa* n° 3.
0^m,025	0^m,026	0^m,028	0^m,035	0^m,032

La trochlée humérale est plus étendue dans le sens transversal, ainsi que dans le sens antéro-postérieur, chez le Tigre que chez le lion. Sa surface se relève plus vers son bord interne et se rejette plus en dedans sur les humérus de Tigre que sur ceux de Lion à son extrémité ; considérée au niveau de la portion antérieure et supérieure, de même que le condyle, elle se rapproche davantage de la fosse coronoïdienne. La trochlée du *Felis spelæa*, sans être identique pour la forme avec celle du Tigre, s'en rapproche plus que de celle du Lion.

L'épitrochlée du tigre est plus saillante et mieux détachée de l'extrémité inférieure chez le Tigre que chez le Lion ; son volume est remarquablement moindre par rapport à celui de l'os sur les humérus fossiles que sur ceux des grands *Felis* actuels ; sur les humérus de Tigre elle est plus déjetée en dedans que sur ceux de Lion ou de *Felis spelæa*.

Cavité coronoïdienne. — La cavité coronoïdienne des humérus de Tigre est plus profonde, à cause de la disposition de la trochlée et du condyle que nous avons indiquée. Chez le *Felis spelœa*, elle est intermédiaire entre celle du Lion et celle du Tigre.

Fosse olécrânienne. — La fosse olécrânienne du Tigre est plus large inférieurement et plus profonde que celle du Lion. L'élargissement de la portion inférieure est dû à la projection de l'épitrochlée que nous avons déjà mentionnée. La fosse coronoïdienne du *Felis spelœa* est moins profonde et présente la largeur et la projection que nous avons signalée à propos du Tigre.

L'empreinte deltoïdienne descend plus bas sur le corps de l'os du *Felis spelœa* que sur celui du Lion.

Enfin, le trou artériel cubital est absolument plus petit et plus rond, ce qui ressort d'autant plus que les os du fossile sont beaucoup plus gros que ceux des grands *Felis* actuels. On peut expliquer cette différence si remarquable du trou artériel cubital dans le *Felis*, le Lion et le Tigre, par la considération de la lame interne détachée de l'os qui constitue ce trou ; en effet, chez le Lion, cette lame, très-détachée, est large supérieurement, plus étroite inférieurement ; au contraire, chez le *Felis spelœa*, elle est forte, épaisse, et aussi large en bas qu'en haut.

Les humérus fossiles qui ont servi à nos études sont au nombre de sept, dont trois seulement sont entiers, un quatrième est presque entier ; le milieu du corps a été endommagé, mais l'extrémité supérieure est complète. Le condyle externe de l'extrémité inférieure manque en partie. Un cinquième est presque complet, mais ayant été brisé au moment où nous l'avons extrait de la stalagmite, il est moins propre que les autres pour une étude comparative. Enfin, chez les deux derniers, l'extrémité supérieure manque, ainsi qu'une partie du corps.

Le tableau suivant résume les principales dimensions de ces humérus comparées à celles des humérus de Lion et de Tigre.

	FELIS SPELÆA.	FELIS SPELÆA N° 3.	FELIS SPELÆA N° 4.	FELIS SPELÆA N° 5.	FELIS SPELÆA N° 6.	FELIS SPELÆA N° 7.	LION N° 1.	LION N° 2.	TIGRE n° 2.
	m	m	m	m	m	m	m	m	m
Longueur maximum de l'humérus..........	0,358	0,365	0,370	.....	.....	.....	0,330	0,320	0,0345
Plus grand diamètre de l'extrémité supérieure	0,105	0,114	0,108	.....	.....	.....	0,094	0,088	0,092
Plus grand diamètre de l'extrémité inférieure	0,098	0,100	.....	0,100	.....	0,098	0,080	0,080	0,083
Largeur de la partie, au milieu..........	0,066	0,075	.....	0,070	.....	0,071	0,055	0,053	0,058
Epaisseur maximum de l'os dans le sens antéro-postérieur mesurée au-dessous du point où finit l'empreinte deltoïdienne...........	0,032	0,036	0,035	0,036	0,036	.....	0,030	0,030	
Epaisseur maximum de l'os mesurée au-dessous du point où finit l'empreinte deltoïdienne dans un sens diamétralement opposé au précédent....	0,055	0,058	0,051	0,058	0,058	0,058	0,048	0,043	
Largeur minimum de la lame qui sert à former le trou artériel cubital................	0,014	0,018	0,015	0,018	0,019	0,016	0,010	0,013	
Plus grande largeur du corps de l'os comprise entre les crêtes condyliennes interne et externe mesurée sur le face postérieure au-dessus du trou artériel cubital.........	0,055	0,056	.....	0,063	.....	.....	0,051	0,045	
Plus grande longueur du trou artériel cubital................	0,016	0,016	0,015	0,020	0,021	0,020	0,023	0,016	

Pour compléter les notions qui précèdent, nous avons déterminé le rapport qui existe entre la longueur maximum de l'humérus et la largeur maximum de ses extrémités chez le Lion, le Tigre et le *Felis spelæa.*

Rapport entre la longueur de l'humérus et la largeur de son extrémité supérieure, cette dernière étant prise pour unité :

Lion n° 1, du musée de Toulouse...... 3,510
Lion n° 2, du musée de Toulouse...... 3,636
Tigre du musée de Toulouse......... 3,351
Felis spelæa, n° 1................. 3,409
Felis spelæa, n° 3................. 3,201

Rapport entre la longueur de l'humérus et la largeur de son extrémité inférieure :

Lion, n° 1	4,125
Lion, n° 2	4,000
Tigre	3,705
Felis spelæa, n° 1	3,653
Felis spelæa, n° 3	3,650

Comme on le voit, ces rapports justifient l'opinion émise par Blainville et montrent une analogie entre le *Felis spelæa* et le Tigre.

Nous avons aussi déterminé le rapport qui existe entre la longueur de l'humérus n° 1 et celle du métacarpien médius que nous présumons provenir du même sujet. Ce rapport est de 2,55 à 1. Il est, pour notre plus grand Lion, de 2,79, pour notre Lion n° 2 de 3,23 et pour notre Tigre de 2,89. Ainsi le grand Chat des cavernes s'éloigne à la fois des Lions et des Tigres, en ce sens, que ses métacarpiens sont plus longs par rapport à l'humérus que chez ces derniers.

Le volume de l'humérus du *Felis spelæa* n° 1 est de 750 centimètres cubes ; celui de notre plus grand Lion est de 500, celui de notre Lion n° 2 est de 375.

Il résulte de ce qui précède, que l'humérus du *Felis spelæa* diffère de celui des grandes espèces de *Felis* de notre époque.

1° Par son volume beaucoup plus considérable ;

2° Par sa longueur moindre relativement à la largeur de ses extrémités.

3° Par sa moindre longueur relativement aux métacarpiens.

2° Par ses crêtes et ses cavités relativement moins marquées que chez les Lions et les Tigres actuels. C'est ce qui ressort de la comparaison de la fossette interne du grand trochanter, de la fosse d'insertion du muscle sous-épineux, de la crête humérale externe, de la fosse olécrânienne chez le Lion, le Tigre et le *Felis spelæa*.

L'ensemble des caractères nous montre des analogies incontestables avec le Lion, mais il nous montre aussi des analogies réelles, quoique moins nombreuses, avec le Tigre.

CUBITUS.

Nous étudierons successivement les extrémités et le corps du cubitus.

L'extrémité supérieure comprend l'olécrâne, la grande et la petite cavité sigmoïde.

L'olécrâne des cubitus de Lions est, au moins sur les squelettes qui existent au musée de Toulouse, à peine projeté en arrière, tandis que celui des cubitus de Tigre l'est très-sensiblement. Cette projection en arrière est encore plus marquée dans le *Felis spelæa.*

Les deux petites apophyses qui existent à la portion antérieure de l'olécrâne sont réunies au bec de l'olécrâne par une ligne oblique de haut en bas et d'arrière en avant chez le Lion et le *Felis spelæa.* Cette ligne est moins oblique chez le Tigre.

Il résulte de nos observations que le bord supérieur de la grande cavité sigmoïde est fort oblique de bas en haut et de dedans en dehors dans les cubitus fossiles, et à peu près horizontal dans ceux de Lions et de Tigres.

La grande cavité sigmoïde du *Felis spelæa* est large dans toutes ses dimensions, tandis que celle du Lion et du Tigre est plus étroite, surtout dans sa cavité supérieure, et plus convexe d'un côté à l'autre. Si l'on tire à partir du sommet de l'olécrâne une ligne droite qui soit assujettie à passer par l'axe de l'os, cette ligne tombe à 1 centimètre environ en arrière de l'extrémité externe de la petite cavité sigmoïde chez le *Felis* et sur cette extrémité chez le Lion et le Tigre.

La petite cavité sigmoïde nous a paru plus pédiculée sur le cubitus de Tigre que sur ceux de Lion et de *Felis spelæa.*

Le corps de l'os présente trois faces et trois bords. Considéré dans son ensemble, il est plus prismatique et plus franchement triangulaire en bas chez le Tigre que chez le Lion et le fossile ; les bords sont plus tranchants, et les faces mieux accusées chez le premier animal que chez les deux derniers.

L'empreinte musculaire qu'on observe sur la face antérieure

est sensiblement plus forte sur les cubitus fossiles, et pourtant elle est aussi éloignée de l'apophyse coronoïde que chez le Lion.

La coulisse du cubital postérieur nous a paru plus marquée sur le cubitus de *Felis spelœa* que sur ceux des grands *Felis* actuels.

Extrémité inférieure. L'apophyse styloïde est séparée de la petite tête du cubitus par une fente assez étroite chez le Lion, par une véritable cavité digitale chez le fossile, cavité qui existe aussi chez le Tigre.

En résumé, les cubitus de *Felis spelœa* présentent de nombreuses analogies avec ceux de Lion, mais ils présentent aussi des analogies très-marquées avec ceux de Tigre. On jugera mieux de ces analogies en comparant les dimensions des diverses parties que nous venons de décrire.

Suivant MM. Boyd Dawkins et Ayshford Sandford, l'angle formé par la ligne tirée du sommet de l'olécrâne, d'une part, et l'axe de l'os, d'autre part, est plus aigu chez le *Felis spelœa* que chez le Lion. Les cubitus fossiles de la caverne de Lherm ne présentent pas ce caractère, le contraire semblerait plutôt avoir lieu.

D'après les mêmes auteurs, les dimensions de l'articulation humérale (grande cavité sigmoïde) sont les mêmes chez le *Felis spelœa* et chez le Lion. Il en est autrement sur les cubitus que nous possédons, ainsi que nous l'avons dit plus haut, et comme on le verra bientôt par les mesures que nous allons rapporter.

Nous avons retiré de la caverne de Lherm trois cubitus de grand Chat bien entiers, deux du côté droit et un du côté gauche. Ces os, comme les humérus, sont notablement plus gros et plus longs que ceux des plus grands Lions et des plus grands Tigres.

Voici leurs principales dimensions :

	FELIS SPELÆA N° 1.	FELIS SPELÆA N° 3.	LION N° 1.	TIGRE.
	m	m	m	m
Plus grande longueur du cubitus....................	0,398	0,401	0,364	0,324
Plus grande longueur de la cavité sigmoïde mesurée sur le côté postérieur.........................	0,046	0,046	0,037	0,038
Plus grande longueur de la cavité sigmoïde mesurée sur le côté postérieur..	0,055	0,056	0,047	0,045
Moindre largeur de la cavité sigmoïde..............	0,026	0,028	0,020	0,020
Plus grande longueur de la petite cavité sigmoïde transversalement....	0,045	0,041	0,037	0,039
Plus grande largeur de la petite cavité sigmoïde mesurée dans le sens de la longueur de l'os............	0,015	0,016	0,017	0,017
Plus grande épaisseur de l'olécrâne mesurée de dedans en dehors. .,.	0,058	0,054	0,043	0,048
Plus grande épaisseur de l'olécrâne mesurée dans le sens antéro-postérieur.	0,036	0,038	0,030	0,037
Épaisseur du corps de l'os dans le sens antéro-postérieur au-dessus de l'articulation radiale................	0,024	0,025	0,024	0,023
Épaisseur du corps de l'os au même point, dans le sens diamétralement opposé...	0,056	0,061	0,048	0,045
Plus grande longueur de l'apophyse styloïde mesurée dans le sens de la longueur de l'os...............	0,024	0,027	0,024	0,020

Comme on le voit, la cavité articulaire humérale est relativement plus longue et plus large dans le *Felis spelœa* que dans les espèces actuelles.

En divisant la longueur totale de l'os par la longueur de la grande cavité sigmoïde, mesurée au côté antérieur, nous arrivons aux rapports suivants pour les cubitus que nous avons pu bien examiner à Toulouse.

Felis spelœa, n° 1........	8,652
— 2........	8,718
Lion n° 1..............	9,837
Lion n° 2............. .	9,594
Tigre.................	8,526

Les rapports entre la longueur totale de l'os et la longueur de la cavité sigmoïde mesurée au côté postérieur sont les suivants :

Felis spelœa, n° 1........	7,236
— 2........	7,290
Lion n° 1..............	7,744
Lion n° 2..............	7,888
Tigre.................	7,200

Le *Felis* paraît dans les deux cas plus analogue au Tigre qu'au Lion.

Les rapports qui existent entre les plus grandes longueurs de l'os et les moindres largeurs de la cavité sigmoïde dans le Lion, le Tigre et le *Felis spelæa* sont les suivants :

Felis spelæa, n° 1	15,307
— 2	14,321
Lion n° 1	21,411
Lion n° 2	17,750
Tigre	16,200

L'épaisseur de l'olécrâne est plus grande chez le *Felis spelæa* que chez le Tigre, et chez ce dernier elle est plus grande que chez le Lion. Les rapports entre cette épaisseur et la longueur du corps de l'os sont les suivants (l'épaisseur est prise pour unité) :

Felis spelæa, n° 1	11,055
— 2	10,555
Lion n° 1	13,000
Lion n° 2	13,650
Tigre	8,756

Ici le *Felis spelæa* se place entre les Lions et les Tigres.

RADIUS.

Nos fouilles dans la caverne de Lherm nous ont fait découvrir trois radius entiers de *Felis spelæa*, dont un du côté droit et deux du côté gauche. Le volume de ces os est très-supérieur à celui des plus grands radius provenant des Tigres ou des Lions de notre époque.

Le volume du radius n° 1 de notre collection est de 233 centimètres cubes, tandis que celui du squelette de Lion du musée de Toulouse n'est que de 135.

Le tableau suivant renferme l'exposé des principales dimensions des radius que nous avons étudiés comparativement avec ceux de Lions ou de Tigres.

	FELIS SPELÆA.	FELIS SPELÆA N° 3.	FELIS SPELÆA (Cuvier).	FELIS SPELÆA (Schmerling).
	m	m	m	m
Longueur maximum du radius....	0,332	0,300	0,340	0,350
Plus grande largeur de l'extrémité supérieure.................	0,051	0,045	0,045	0,052
Plus grande largeur de l'extrémité inférieure..................	0,077	0,068	0,065	0,065
Plus grande largeur de la cavité articulaire supérieure............	0,048	0,038		
Plus grande largeur de la cavité articulaire inférieure............	0,054	0,050		
Moindre épaisseur de l'os dans le sens antéro-postérieur, au-dessous de l'extrémité supérieure..... .	0,021	0,021		
Moindre épaisseur de l'os mesurée du bord externe au bord interne, au-dessous de l'extrémité supérieure.	0,046	0,031		
Plus grande épaisseur de l'os au milieu du corps, dans le sens antéro-postérieur..................	0,028	0,022		

Les radius fossiles nous ont paru moins caractérisés en différences ostéographiques que les cubitus.

Nous allons étudier successivement l'extrémité supérieure, le corps et l'extrémité inférieure.

Extrémité supérieure. — Le grand diamètre de la cupule radiale est surtout transversal dans le *Felis spelæa*, il ne prédomine pas autant, à beaucoup près, chez le Lion, moins encore chez le Tigre.

Le contour de cette cupule présente une épine saillante plus développée sur le radius de Tigres que sur ceux de Lions.

Le radius du Lion présente un étranglement brusque au niveau du col. Cet étranglement est à peine sensible dans les radius fossiles, tandis qu'il existe à un haut degré sur ceux de Tigre.

Chez le Lion et le Tigre, la tubérosité bicipitale monte plus haut vers la cupule que chez le *Felis spelæa*. Le corps de l'os fossile s'élargit graduellement vers la partie inférieure; celui de Lion, large à sa partie moyenne, étroit en haut et en bas, ressemble à un fuseau.

La face antérieure du radius est légèrement convexe chez le

Lion, très-convexe chez le Tigre et le *Felis spelœa*. La face posté-
térieure, presque plane chez le Lion, est plus concave sur les
radius de Tigre et de fossile.

Le bord interne du radius de Lion est presque droit et assez
épais; celui du Tigre est convexe de haut en bas et de dedans en
dehors, de même que chez le fossile.

Au-dessus de la surface articulaire cubitale inférieure se voit
comme chez l'homme une surface triangulaire concave, à
sommet dirigé en haut. Ce sommet se continue en forme de
crête pour constituer le bord cubital de l'os, mais il est plus rugueux et remonte plus haut vers la tubérosité bicipitale chez le
Felis spelœa que chez le Lion.

Dans ce triangle, immédiatement au-dessus de la facette cubitale, existe une cavité bien prononcée chez le Lion, cavité qu'on
n'observe pas dans les radius du grand Chat des cavernes, et
qui existe, quoique moins profonde, sur le radius du Tigre.
Notons chez le *Felis spelœa*, à l'extrémité inférieure, la forme
concave, oblongue d'avant en arrière, de la surface cubitale inférieure très-nettement accusée sur les bords, tandis qu'elle est
à peu près plane, presque ronde chez le Lion. Le relief de cette
surface articulaire tient surtout à ce qu'elle est bordée chez le
Felis spelœa par une crête saillante continue avec le bord antérieur du triangle dont nous avons parlé, crête qui est à peine
indiquée sur les radius du Lion, mais qui l'est à un haut degré
chez les radius du Tigre.

La surface carpienne de l'extrémité inférieure est surtout
large et aplatie chez le *Felis spelœa*, fortement contournée en
poulie antéro-postérieure chez le Lion.

Cette surface est limitée par un contour net et saillant sur les
radius fossiles et sur ceux du Tigre, tandis que sur les radius de
Lion elle se perd insensiblement vers les faces antéro-posté-
rieures de l'os.

L'apophyse styloïde du Lion est plus détachée, plus pointue
que celle du *Felis spelœa* sur les radius fossiles; une crête saillante détermine sur la face postérieure de l'os la ligne de séparation de l'extrémité inférieure et du corps, cette ligne est aussi

très-prononcée chez les Tigres et à peine accusée chez les Lions.

Il ressort de la description précédente que les radius de *Felis spelæa* présentent, comme les cubitus, des analogies avec ceux des Lions, et des analogies bien marquées avec ceux de Tigre. Le rapport entre la longueur de l'os et la largeur des extrémités est le suivant, sur les os qui existent dans notre collection.

Rapport entre la longueur de l'os et la largeur maximum de l'extrémité :

	Supérieure.	Inférieure.
Felis spelæa, n° 1 . . . . ,	6,509	4,444
— 3	6,666	4,411
Lion	7,894	6,666
Tigre	6,463	4,416

Ce rapport établit une ressemblance très-marquée entre le Tigre et le *Felis spelæa*.

OS DU CARPE.

Scapho-semi-lunaire. — Le scapho-semi-lunaire du grand Chat des cavernes, comparé à son analogue des Lions ou des Tigres, est remarquable par son volume et les saillies osseuses prépondérantes. Il présente six faces :

1° *Face supérieure ou radiale.* — Celle-ci est plus disposée en poulie chez le Lion et le Tigre que chez le *Felis spelæa*; de plus, sur ce dernier, elle se prolonge en arrière, de manière à constituer la région externe de la face postérieure de l'os, tandis qu'elle ne se prolonge pas chez le Lion.

2° *Face inférieure.* — Des trois cavités qui parcourent cette face, la moyenne est plus profonde sur le scapho-semi-lunaire de Lion ou de Tigre que sur celui du fossile, ce qui tient à la saillie d'une apophyse que nous décrirons à propos de la face antérieure.

3° *Face antérieure.* — On remarque sur cette face une forte apophyse qui se dirige en bas, et présente la même étendue chez le Lion et le *Felis spelæa*. Cette apophyse est par conséquent bien plus saillante proportionnellement sur le scapho-semi-lunaire de Lion que sur celui de *Felis spelœa ;* elle est au moins aussi saillante, si ce n'est davantage, sur celui de Tigre.

4° *Face externe.* — Cette face est plane chez le Lion et le Tigre, tandis qu'elle est creusée chez le *Felis* d'une cavité dont le bord supérieur est semi-circulaire. La saillie de l'apophyse pisiformienne est plus forte sur l'os de *Felis spelœa* que sur ceux de Lion ou de Tigre. Les surfaces interne et postérieure n'offrent aucune particularité digne d'être signalée.

Nous avons trouvé dans la caverne de Lherm douze scaphoïdo-semi-lunaires, dont huit du côté gauche et quatre du côté droit. Un seul de ces os est incomplet ; tous les autres sont entiers. Le tableau suivant fera connaître leurs principales dimensions :

	Plus grande longueur de l'os dans le sens transversal, y compris l'apophyse.	Plus grande épaisseur mesurée de bas en haut.	Plus grande épaisseur mesurée d'avant en arrière au milieu de l'os.	Plus grande dimension de la surface articulaire radiale, mesurée dans le sens transversal.
	m	m	m	m
Numéro 1..................	0,061	0,036	0,037	0,055
— 2..................	0,061	0,036	0,038	0,054
— 3..................	0,058	0,036	0,037	0,051
— 4..................	0,057	0,033	0,031	0,050
— 5..................	0,057	0,033	0,032	0,048
— 6..................	0,061	0,037	0,036	0,052
— 7..................	0,055	0,034	0,032	0,047
— 8..................	0,053	0,034	0,034	0,048
— 9..................	0,060	0,036	0,038	0,050
— 10..................	0,059	0,034	0,032	0.051
— 11..................	0,060	0,036	0,037	0,051
Lion, n° 1..................				
— 2..................	0,043	0,025	0,020	0,038
Tigre..................	0,047	0,026	0,0.5	0,043

Pisiforme. — Cet os, dont nous avons trouvé deux exemplaires bien conservés, ne diffère de celui du Lion que par ses dimensions beaucoup plus fortes et le volume relativement moins considérable de la tubérosité qui termine son extrémité inférieure. Cette différence, qui pourrait bien être individuelle, nous a paru devoir être signalée.

Voici les dimensions du pisiforme chez le Lion, le Tigre et le *Felis spelœa :*

Plus grande longueur de l'os.

Lion.	Tigre.	Felis spelæa.
0,039	»	0,057

Plus grand diamètre de l'extrémité supérieure.

Lion.	Tigre.	Felis spelæa.
0,024	»	0,029

Plus grand diamètre de l'extrémité inférieure.

Lion.	Tigre.	Felis spelæa.
0,024	»	0,024

Grand os. — Nous n'avons découvert pendant le cours de nos recherches qu'un seul spécimen de cet os; il est du côté droit. Son volume est très-supérieur à celui du grand os des Lions et des Tigres actuels.

Le grand os présente une face dorsale, une face palmaire, une face supérieure s'articulant avec le scaphoïdo-semi-lunaire, une face antérieure s'articulant avec le troisième et le quatrième métacarpien, une face externe qui s'articule avec le trapézoïde et le deuxième métacarpien, et une face interne articulaire avec l'os crochu.

Face dorsale. — Cette face est quadrilatère chez le *Felis spelæa*, convexe dans le sens latéral et dans le sens antéro-postérieur; par sa portion supérieure, elle se continue directement avec la poulie articulaire qui constitue la face supérieure de l'os. Nous avons remarqué sur le Lion et le Tigre que cette surface est séparée en avant de l'origine de la poulie articulaire par une dépression qu'on n'observe pas sur le fossile.

Le grand os du Tigre est proportionnellement plus volumineux que celui du Lion. En arrière de la face dorsale de cet os, on observe chez le Tigre une surface articulaire concave, qui est la continuation en haut de la portion articulaire externe de la face supérieure. Cette disposition n'existe ni chez le Lion, ni chez le *Felis spelæa*.

Face palmaire. — Au niveau de la portion antérieure de cette face, on observe une saillie rugueuse percée de trous vasculaires assez nombreux : cette surface est plus détachée de l'os et plus

étendue dans le sens transversal chez le Tigre que chez le Lion
et le *Felis spelœa*. Le diamètre antéro-postérieur de cette saillie
est plus grand chez le Lion et le *Felis spelœa* que chez le Tigre.
En arrière de cette saillie osseuse, on remarque chez le Lion et
le *Felis spelœa* une gouttière qui sépare la portion osseuse que
nous venons de décrire de la face supérieure. Chez le Tigre,
cette gouttière est à peine marquée.

Face supérieure. — La poulie articulaire que présente cette
face est très-différente sur le grand os du *Felis spelœa* et sur
celui du Lion ; en effet, tandis qu'elle a une étendue plus considérable chez le premier de ces animaux dans le sens vertical,
son diamètre transversal est à peine égal à celui du Lion. La
poulie, au lieu d'être arrondie comme sur ce dernier et chez le
Tigre, est presque tranchante.

Diamètre vertical de la poulie.

Felis spelœa.	Lion n° 1.
0,036	0,024

Plus grand diamètre transversal.

Felis spelœa.	Lion.
0,008	0,008

Face antérieure. — Cette face, articulaire dans presque toute
son étendue avec le troisième métacarpien est plus concave proportionnellement dans le grand os du *Felis spelœa* que dans
celui du Lion ; son articulation avec le quatrième métacarpien
ne présente rien de particulier.

Face externe. — A la portion supérieure de cette face existe
une apophyse qui est plus saillante chez le Lion que chez le
Felis spelœa ; les facettes de ce dernier, qui s'articulent avec le
trapézoïde et le deuxième métacarpien, sont plus profondes sur
l'os fossile que sur celui du Lion.

Face interne. — Cette face est très-différente sur notre spécimen fossile de son analogue sur le Lion ; on observe en effet chez
ce dernier une apophyse saillante, séparée de la poulie par une
gouttière ; chez le *Felis spelœa*, la gouttière n'existe pas ; l'apo-

physe est à peine indiquée, et la face a la forme d'un plan incliné de haut en bas.

Malgré les différences que nous venons de signaler, cet os, considéré dans son ensemble, se rapproche plus de celui du Lion que de celui du Tigre.

MÉTACARPIENS.

1° *Cinquième métacarpien.* — Nous possédons le cinquième métacarpien de sept individus, sept spécimens du côté droit et sept du côté gauche. Nous avons dû à l'obligeance de M. Noulet la communication de deux de ces os, l'un droit et l'autre gauche.

Nulle part la grandeur proportionnelle énorme chez les fossiles n'est plus marquée que dans les os métacarpiens ou métatarsiens. Les saillies osseuses et les cavités correspondantes sont en général plus prononcées chez le *Felis spelæa* que chez les grands *Felis* actuels.

Voici les dimensions de ces métacarpiens :

CINQUIÈME métacarpien.	Plus grande longueur.	Épaisseur de l'extrémité antérieure mesurée d'un côté à l'autre.	Épaisseur de l'extrémité antérieure mesurée de haut en bas.	Épaisseur de l'extrémité postérieure dans le sens transversal.	Épaisseur de l'extrémité postérieure mesurée de haut en bas.	Épaisseur du corps de l'os à égale distance des deux extrémités dans le sens transversal.	Épaisseur du corps à égale distance des extrémités de haut en bas.	OBSERVATIONS.
	m	m	m	m	m	m	m	
N° 1...	0,110	0,026	0,025	0,030	0,029	0,017	0,016	Droit.
— 2...	0,107	0,026	0,926	0,029	0,027	0,018	0,015	Id.
— 3...	0,111	0,027	0,026	0,032	0,030	0,020	0,016	Id.
— 4...	0,104	0,027	0,027	0,030	0,030	0,018	0,016	Id.
— 5...	0,104	0,024	0,023	0,029	0,028	0,016	0,013	Id.
— 6...	0,103	0,025	0,025	0,029	0,029	0,018	0,014	Id.
— 7...	cassé	.....	.....	0,031	0,030	0,019	0,016	Id.
— 8...	0,114	0,028	0,027	0,032	0,031	0,020	0 017	Gauche.
— 9...	0,114	0,029	0,027	0,031	0,031	0,019	0,016	Id.
— 10...	0,112	8.027	0,027	0,032	0,031	0,020	0,016	Id.
— 11...	0,107	0,024	0,022	0,028	0,026	0,020	0,015	Id.
— 12...	0,105	0,024	0,024	0,030	0,029	0,017	0,015	Id.
— 13...	0,104	0,026	0,028	0,028	0,028	0,019	0,015	Id.
— 14...	0,103	0,024	0,023	0,026	0,026	0,018	0,015	Id.
— 15...	0,114	0,031	0,028	0,030	0,031	0,020	0,018	Droit.
— 16...	0,111	0,028	0,027	0,031	0,030	0,019	0,017	Gauche.
Lion n° 1.	0,091	0,020	0,021	0,022	0,024	0,013	0,012	
Tigre. ..	0,086	0,021	8,021	0,021	0,023	0,012	0,012	

La surface articulaire postérieure (1), qu'on pourrait aussi bien appeler supérieure, à cause de la position naturelle de la main, est convexe chez tous les sujets, mais en avant elle est terminée chez le fossile par une crête plus ou moins masquée formant comme un bord dorsal de l'os qu'on n'observe pas sur le cinquième métacarpien du Lion ou du Tigre. Chez ces derniers, la surface articulaire s'arrête brusquement.

La saillie arthrodiale qui s'avance vers le quatrième métacarpien est dessinée dans l'espèce fossile de manière à former une surface convexe en avant, et se trouve séparée de la face articulaire postérieure par une excavation qui se prolonge en avant ou en bas. Ce caractère est à peine indiqué chez le Lion, où la saillie arthrodiale est plane et non convexe.

Vers l'extrémité inférieure ou antérieure (tête du métacarpien) l'os s'élargit fortement en triangle dans le *Felis spelœa;* il s'élargit un peu aussi chez le Lion, mais sans cesser franchement d'être presque cylindrique.

L'axe de la poulie articulaire s'incline de bas en haut et de dedans en dehors chez le fossile, de manière à s'écarter très-sensiblement de l'axe de l'os. Chez le Lion, cet axe est moins oblique dans le même sens et tend plus à se confondre avec l'axe de l'os.

Des deux saillies qui dominent le devant de la poulie articulaire, l'interne touche presque à la poulie sur l'os du *Felis spelœa* et sur celui du Lion. L'externe est plus éloignée de la poulie chez le *Felis* et le Tigre que chez le Lion.

Quatrième métacarpien. — Cet os, comme le précédent, est relativement plus volumineux que son analogue des Lions ou des Tigres actuels.

Nous possédons six exemplaires du quatrième métacarpien, dont quatre du côté droit et deux du côté gauche. M. Noulet nous en a communiqué deux du côté droit.

(1) Dans toutes nos descriptions, nous appelons surface antérieure ou bord antérieur, les surfaces ou les bords qui sont situés antérieurement lorsque les extrémités de l'animal reposent sur le sol, comme si l'animal était en marche.

ARTICLE N° 4.

Dimensions du quatrième métacarpien.

	Plus grande longueur.	Plus grande largeur de l'extrémité antérieure dans le sens transversal.	Plus grande largeur de l'extrémité posté-rieure mesurée de haut en bas.	Plus grande largeur de l'extrémité posté-rieure dans le sens transversal.	Plus grande largeur de l'extrémité posté-rieure mesurée de haut en bas.	Plus grande largeur du corps de l'os mesurée dans le sens transversal.	Plus grande largeur du corps de l'os mesurée de haut en bas.
N° 1............	0,140	0,026	0,029	0,027	0,035	0,018	0,018
2............	0,139	0,027	0,030	0,027	0,031	0,019	0,018
3............	0,128	0,028	0,029	0,027	0,030	0,018	0,017
4............	0,128	0,024	0,024	0,025	0,033	0,017	0,016
5............	0,123	0,023	0,025	0,027	0,031	0,018	0,016
6............	0,123	0,022	0,025	0,025	0,031	0,016	0,016
7............	0,133	0,025	0,028	0,027	0,032	0,018	0,017
8............	0,126	0,026	0,028	0,025	0,031	0,018	0,017
Lion n° 1......	0,042	0,020	0,020	0,021	0,025	0,014	0,012
Lion n° 2......	0,104	0,021	0,020	0,020	0,022	0,013	0,012
Tigre.........	0,108	0,021	0,021	0,020	0,021	0,014	0,012

1° La surface articulaire supérieure du quatrième métacarpien est fortement oblique de haut en bas, de dehors en dedans chez le *Felis spelæa*, plus rapprochée de l'horizontale chez le Lion.

2° Cette surface articulaire comprend deux moitiés fort inégales chez le fossile à l'avantage du côté externe, moins inégales chez le Lion ; divisée par une crête très-saillante sur les métacarpiens du Lion, moins accusée chez ceux du *Felis spelæa*.

3° Le côté de l'extrémité supérieure du quatrième métacarpien, qui répond au troisième métacarpien, présente naturellement des facettes articulaires correspondantes ; il en existe toujours deux séparées par une excavation très-profonde, et proportionnellement beaucoup plus large chez le *Felis* que chez le Lion. On se rend bien compte de cette plus grande largeur proportionnelle de l'excavation sus-mentionnée; en considérant le contour qui la sépare de la face supérieure, on constate alors que les deux facettes intermétacarpiennes sont séparées par une forte échancrure chez le *Felis*, plus faible chez le Lion ; échancrure dont la partie la plus avancée est pourtant chez les deux animaux également distante de la crête de la face supérieure.

4° La facette intermétacarpienne antérieure est très-oblique en bas et en avant chez le *Felis*, plus rapprochée de l'horizontale chez le Lion.

5° Le corps du quatrième métacarpien est plus cylindrique chez le *Felis*, plus prismatique, à cause d'un bord palmaire assez prononcé sur le Lion. Chez le *Felis*, on constate sur le tiers supérieur de la direction présumée de ce bord palmaire une forte empreinte musculaire très-détachée qui est moins saillante chez le Lion.

6° L'extrémité supérieure ou antérieure du quatrième métacarpien (tête du métacarpien) est arrondie, sphérique, dans sa partie antérieure chez le Lion, oblongue transversalement chez le fossile.

Sur le quatrième métacarpien, le *Felis spelæa* a sa surface articulaire se terminant en arrière par un bord net au-dessous ou en avant de deux petits trous contigus à la crête de la poulie articulaire. Sur celui du Lion, au contraire, la surface articulaire se perd sans limites précises aux environs de ces deux petits trous.

Troisième métacarpien. — Mêmes différences générales que pour le quatrième :

1° La surface articulaire supérieure chez le *Felis spelæa* présente une rainure profonde, dirigée de haut en bas, et suivant une ligne convexe qui se termine au bord inférieur. Chez le Lion, cette rainure existe à la partie supérieure, mais ne se prolonge pas jusqu'au bord inférieur, ou du moins est à peine accusée dans le tiers inférieur de la surface articulaire.

2° Chez le *Felis spelæa*, la partie supérieure est plus large que l'inférieure, et la surface articulaire a dans son ensemble une forme presque triangulaire, tandis qu'elle est plus carrée chez le Lion.

3° Sur le côté interne de la surface articulaire supérieure, un sillon profond limite une surface saillante qui s'articule avec le deuxième métacarpien. Cette surface, proportionnellement plus développée dans le *Felis spelœa* que dans le Lion, est triangulaire chez celui-ci, et de forme ovale dans le *Felis*. Les dimensions relatives des diverses parties de la surface carpo-métacarpienne sont fort différentes dans les deux espèces.

4° La surface latérale externe de l'os présente une cavité destinée à recevoir la surface articulaire interne du quatrième métacarpien. Cette cavité est séparée chez le *Felis* en deux parties distinctes par une ligne saillante, qui n'est pour ainsi dire pas indiquée chez le Lion, où il semble n'y avoir qu'une seule cavité.

5° Le corps de l'os est plus régulièrement cylindrique dans le *Felis spelœa* que dans le Lion ; chez ce dernier, il semble un peu étranglé vers les deux tiers inférieurs.

Voici les dimensions principales des six spécimens du troisième métacarpien que nous avons trouvés dans le cours de nos fouilles :

Troisième métacarpien.

	Longueur maximum.	Plus grande largeur de l'extrémité supérieure mesurée dans le sens transversal.	Plus grande largeur de l'extrémité supérieure mesurée de haut en bas.	Plus grande largeur de l'extrémité supérieure mesurée dans le sens transversal.	Plus grande largeur de l'extrémité supérieure mesurée de haut en bas.	Largeur du corps dans le sens transversal, à égale distance des extrémités	Largeur du corps mesurée de haut en bas à égale distance des extrémités
N° 1	0,144	0,034	0,037	0,030	0,026	0,020	0,019
2	0,136	0,033	0,036	0,031	0,029	0,022	0,020
3	0,135	0,033	(1)	0,030	0,029	0,019	0,017
4	0,135	0,029	0,032	0,029	0,025	0,020	0,017
5	0,133	0,032	0,033	0,028	0,026	0,019	0,017
6	0,134	0,029	0,032	(2)	. . . . .	0,019	0 017
Lion n° 1	0,118	0,025	0,027	0,023	0,020	0,015	0,013
Lion n° 2	0,103	0,022	0,023	0,021	0,020	0,012	0,011
Tigre	0,112	0,024	0,026	0,023	0,022	0,013	0,013

(1) Cette mesure n'a pu être prise parce que l'extrémité supérieure est cassée.

(2) L'extrémité inférieure est incomplète.

Deuxième métacarpien. — Nous possédons dix-sept exemplaires de ce métacarpien, dont douze du côté gauche et cinq du côté droit.

Comme les précédents, ces métacarpiens se distinguent de ceux du Lion et du Tigre par leurs dimensions considérables.

Le tableau suivant fait connaître les principales dimensions de chacun des métacarpiens qui font partie de notre collection :

1° La surface articulaire supérieure ou postérieure est triangulaire chez le Lion et surtout chez le fossile ; mais ce triangle est à peu près plan ou concave, à large surface chez le *Felis spelœa*, fortement déprimée dans le sens de sa hauteur chez le Lion. Cette dépression vient de ce que la partie la plus antérieure (ou supérieure) du rebord interne de cette surface est très-brusquement relevée chez le Lion, beaucoup moins saillante chez le *Felis spelœa*.

2° L'angle inférieur (ou postérieur) de cette surface est prolongé en bas et en dehors par une nouvelle surface articulaire mamelonnée, qui est dirigée tout à fait en bas sur le fossile, et regarde plutôt en arrière chez le Lion.

3° Cette facette articulaire dont nous venons de parler n° 2 se voit bien dans son ensemble, lorsqu'on envisage la face externe du deuxième métacarpien ; on la voit marcher d'arrière en avant, et surplomber, comme un chapiteau, deux fortes excavations qui vont être décrites chez le *Felis*. Celles-ci sont : l'antérieure fort large, oblongue de haut en bas, et d'arrière en avant jusqu'au tiers supérieur de l'os où elle est encore sensible ; la postérieure plus arrondie, moins grande, et dirigée obliquement de haut en bas et d'avant en arrière, en sorte que chez le *Felis spelœa* ces deux excavations articulaires du troisième métacarpien, rapprochées en haut jusqu'à se toucher presque, s'écartent de plus en plus en bas, où elles sont séparées par une troisième excavation non articulaire rugueuse en forme de V renversé.

Chez le Lion, l'avancement, ou saillie de la surface articulaire du grand os, ne surplombe pas autant les excavations sous-jacentes. Les deux excavations articulaires métacarpiennes existent, mais l'antérieure atteint à peine le sixième supérieur de l'os : la postérieure est à peine marquée.

L'excavation intermédiaire, non articulaire en V renversé, est remplacée par une surface bombée et rugueuse.

ARTICLE N° 4.

4° Le côté externe de l'extrémité supérieure est pourvue de deux facettes articulaires pour le trapèze ; chez le Lion, les deux facettes sont bien marquées, généralement arrondies, la postérieure plus large que l'antérieure, et, chose très-singulière, elles sont séparées à leur tour par une dépression ligamenteuse en V renversé.

Chez le *Felis spelæa*, même disposition générale des surfaces ; quant à l'excavation intermédiaire, ou elle n'existe pas, ou elle est à peine visible, et dans le cas où elle l'est le plus, le sommet du V n'a pas cette profondeur, cette netteté de coupe, qui sont si apparentes chez le Lion.

5° A 5 millimètres au-dessous de la facette trapézienne antérieure existe chez le Lion une saillie tendineuse mamelonnée très-forte, et prolongée de haut en bas et d'arrière en avant sous forme d'une *S* italique, épaisse, rugueuse, d'où l'existence, au-dessus de cette saillie, d'une excavation en forme d'*S* italique, qui étrangle d'une manière bien remarquable le côté interne antérieur de l'os du Lion. Chez le *Felis spelæa*, la saillie tendineuse existe à peine, et s'écarte de plus d'un centimètre de la facette trapézienne antérieure ; de là résulte que n'ayant aucun prolongement bien marqué en bas et en avant, cette partie interne et antérieure de l'os du *Felis* est remarquablement plane et régulière.

6° Le corps de l'os est, sur nos pièces (sauf une seule où il est prismatique, triangulaire), cylindrique chez le *Felis spelæa*, prismatique, triangulaire, chez le Lion.

7° La tête, ou extrémité inférieure du deuxième métacarpien, est sphérique en avant sur le Lion, à grand diamètre transversal chez le *Felis spelæa*.

La crête de la poulie articulaire est proportionnellement plus saillante sur le Lion que sur le *Felis spelæa* ; par suite, les deux gorges de la poulie ont sur chaque animal une physionomie bien différente.

8° En arrière, la facette articulaire se termine brusquement chez le *Felis spelæa*, vaguement chez le Lion ; de plus, et surtout chez le *Felis*, de chaque côté de la crête médiane de la trochlée, se trouvent deux enfoncements où s'ouvrent deux trous bien distincts, tandis qu'on ne voit chez le Lion ni enfoncements, ni trous.

Deuxième métacarpien.

	Longueur maximum.	Plus grande largeur de l'extrémité supérieure dans le sens transversal.	Plus grande largeur de l'extrémité supérieure mesurée de haut en bas.	Plus grande largeur de l'extrémité inférieure dans le sens transversal.	Plus grande largeur de l'extrémité inférieure mesurée de haut en bas.	Plus grande largeur du corps dans le sens transversal au milieu de sa longueur.	Plus grande longueur du corps de l'os mesurée de haut en bas au milieu de sa longueur.
Nº 1	0,129	0,029	0,040	0,028	0,026	0,021	0,021
2	0,128	0,027	0,036	0,028	0,027	0,019	0,020
3	0,126	0,027	0,037	0,028	0,028	0,019	0,019
4	0,124	0,025	0.036	0,028	0,027	0,121	0,020
5	0,123	0,027	0,039	0,028	0,028	0,020	0,020
6	0,119	0,028	0,036	0,028	0,028	0,018	0,018
7	0,119	0,027	0,037	0,030	0,028	0.019	0,018
8	0,118	0,028	0,037	0,027	0,025	0,021	0,021
9	0,116	0,027	0,036	0,026	0,045	0,020	0,018
10	0,115	0,027	0,037	0,026	0,025	0,020	0,019
11	0,115	0,029	0,038	0,028	(1)	0,019	0,019
12	0,113	0,027	0,035	0,026	0,024	0,017	0,018
13	0,121	0,028	0,037	0,029	0,027	0,019	0,019
14	0,121	0,029	0,038	0,027	0,025	0,019	0,020
15	0,116	0,028	0,038	0,029	0,025	0,019	0,019
16	0,115	0,024	0,036	0,027	0,026	0,019	0,019
17	0,111	0,026	0,033	0,027	0,028	0,017	0,017
Lion nº 1	0,105	0,021	0,029	0,021	0,021	0,013	0,013
Lion nº 2	0,092	0,021	0.028	0,020	0,018	0,012	0,013
Tigre	0,102	0,023	0,028	0,023	0,022	0,014	0,015

(1) La crête qui sépare en deux la face supérieure de la tête de l'os est cassée.

Premier métacarpien. — Nous avons trouvé deux premiers métacarpiens du *Felis spelæa* : l'un droit, l'autre gauche. Ces os sont plus longs et plus larges que les os des plus grands Lions et des plus grands Tigres de notre époque. Leurs principales dimensions sont les suivantes :

Longueur maximum.

Felis spelæa nº 1	0,050
— nº 2	0,050
Lion nº 1	0,045
Lion nº 2	0,040
Tigre...................	0,044

ARTICLE Nº 4.

Largeur de la surface articulaire.

	Supérieure.	Inférieure.
Felis spelæa n° 1............	0,021	0,023
— n° 2..	0,021	0,023
Lion n° 1...............	0,017	0,017
Lion n° 2...............	0,016	0,016
Tigre...................	0,018	0,018

Plus grande largeur du corps au milieu.

Felis spelæa n° 1.................	0,021
— n° 2.................	0,021
Lion n° 1...................	0,016
Lion n° 2...................	0,015
Tigre...................	0,016

1° *Extrémité supérieure du premier métacarpien.*— Cette extrémité présente deux facettes, dont l'une externe et arthrodiale correspond au trapèze, et dont l'autre interne, tendineuse, oblique de bas en haut et en dedans, correspond aux os, scapholunaire et trapèze, mais ne s'articule pas avec eux. Ces facettes sont séparées l'une de l'autre dans le *Felis spelæa* par une gouttière plus profonde en arrière que sur la partie supérieure de l'os où elle prend naissance. Cette gouttière n'existe pas, ou est à peine indiquée chez le Lion ; elle est assez marquée chez le Tigre ; la surface articulaire est concave dans le sens et dans la largeur de l'os, et concave de haut en bas. Chez le *Felis spelæa*, l'arête qui limite son bord antérieur se bifurque à 1 centimètre au-dessous du bord supérieur ; l'une de ses branches se dirige transversalement vers le côté externe de l'os, et circonscrit par en bas la surface articulaire ; l'autre branche marche de haut en bas pour atteindre l'extrémité inférieure de l'os.

Chez le Lion, la même chose se passe, et les deux branches de bifurcations ont en somme la même direction ; mais l'inférieure s'incline beaucoup plus en dehors avant d'atteindre l'extrémité inférieure, tandis que chez le *Felis* cette branche reste toujours franchement antérieure.

La surface qui s'articule avec la phalange est beaucoup plus développée chez le *Felis* que chez le Lion.

2° *Extrémité inférieure.* — C'est une sorte de poulie articuaire plus profonde, et s'avançant plus en avant chez le *Felis* que chez le Lion. La direction de cette surface arthrodiale est toujours oblique de dehors en dedans et d'avant en arrière ; cette obliquité est telle, que la surface chez le *Felis spelœa* est plutôt horizontale et chez le Lion antéro-postérieure.

Le côté externe de l'extrémité inférieure présente une excavation assez profonde qui est à peine indiquée chez le Lion.

Sur le côté interne de cette extrémité inférieure existe une coulisse tendineuse fort large et très-bien limitée chez le *Felis spelœa*, à peine indiquée chez le Lion.

Le premier métacarpien du *Felis spelœa* nous paraît se rapprocher davantage de celui du Tigre que de celui du Lion.

Premières phalanges. — Comme les autres parties du squelette, les phalanges du *Felis spelœa* sont plus longues et plus volumineuses que celles du Lion ; mais la différence en longueur est moindre que la différence en volume. Les phalanges du pied sont, chez le *Felis* comme chez le Lion, plus grêles et moins convexes d'avant en arrière que celles de la main. La forme générale est d'ailleurs sensiblement la même dans l'un et dans l'autre ; voici les principales différences :

Chez le *Felis spelœa*, la poulie qui termine l'extrémité inférieure de la phalange se prolonge plus en avant que chez le Lion, et les bords qui circonscrivent les deux cavités internes et externes qui existent sur les parties latérales de l'extrémité inférieure de l'os, sont chez le *Felis spelœa* plus tranchants et plus saillants que chez le Lion. Il résulte de là que la cavité qui sert de lieu d'implantation aux ligaments latéraux est plus profonde chez le *Felis* que chez le Lion.

L'extrémité supérieure est relativement plus grosse chez le *Felis spelœa* que chez le Lion.

Enfin on voit sur les côtés internes et externes chez le *Felis* de petites cavités rugueuses qui n'existent pas chez le Lion, ou du moins qui n'y sont qu'à l'état rudimentaire.

Deuxièmes phalanges. — Le corps des deuxièmes phalanges est relativement plus grêle dans le Lion que dans le fossile.

Le bord antérieur de l'os, qui forme une crête un peu vive

chez les deux animaux, se termine à sa partie supérieure par une sorte d'apophyse saillante ou de tubérosité chez le Lion, tandis que chez le *Felis spelœa* il se termine par une surface plane, triangulaire, oblique d'avant en arrière, et dont les bords font saillie sur la surface articulaire supérieure. Il résulte de cette disposition que la forme générale de la cavité articulaire supérieure se termine chez le Lion par un angle dont le sommet est en avant, et chez le *Felis spelœa* par une surface courbe à concavité antérieure. C'est sur ce point que se fixe le tendon de l'extenseur commun des doigts.

La cavité qui se trouve à l'extrémité supérieure de la face postérieure de l'os est plus profonde et plus étendue sur les phalanges de Lion que sur celles de *Felis*.

BASSIN.

Nous n'avons trouvé dans les ouvrages qui ont été à notre disposition qu'une seule description complète du bassin du *Felis spelœa* : elle est due à MM. Boyd Dawkins et Ayshford Sandford. Le spécimen qui est décrit et figuré dans le travail de ces savants a été trouvé dans les terres à briques de la vallée de la Tamise, à Slade Green, près Erith, comté de Kent, et est conservé dans le Musée britannique.

Ce spécimen ne comprend que l'*ileon*, l'*ischion*, plus une partie de l'os pubis du côté gauche. La pièce que nous allons décrire est beaucoup plus complète ; il lui manque seulement les branches ascendantes de l'ischion. Elle présente une particularité remarquable : en effet, la portion droite du bassin semble avoir subi un arrêt de développement qui a occasionné une assymétrie des deux os qui forment la cavité pelvienne. La moitié gauche du bassin est normalement développée et présente une longueur de 0^{m},190 depuis l'épine iliaque antérieure et supérieure jusqu'à la portion la plus antérieure du sourcil cotyloïdien, tandis que du côté droit la longueur n'est que de 0^{m},180.

Suivant MM. Boyd Dawkins et Aysford Sandford, il n'existe entre le bassin du *Felis leo* et du *Felis tigris* qu'une simple différence de dimension. Ces savants ajoutent qu'ils n'ont reconnu aucun caractère distinctif entre les bassins de Lion ou de Tigre. Nos observations ne s'accordent pas avec celles des auteurs anglais, et si nous en jugeons par les squelettes sur lesquels ont porté nos études, il y a des différences réelles entre les os du bassin de Lion et ceux du bassin de Tigre. Un examen attentif des planches qui accompagnent le mémoire de MM. Boyd Dawkins et Ayshford Sandford a confirmé nos observations. Nous étudierons les diverses parties du bassin dans l'ordre suivant :

1° Face externe.

2° Face interne.

3° Bord supérieur, étendu depuis l'épine iliaque antérieure et supérieure à l'articulation sacro-iliaque.

4° Bord inférieur étendu depuis la partie de la symphyse pubienne à la tubérosité de l'ischion.

5° Bord antérieur étendu depuis l'épine iliaque antérieure et supérieure à la symphyse du pubis.

6° Bord postérieur étendu de l'articulation sacro-iliaque à la tubérosité de l'ischion.

Face externe. — Cette face se divise en trois régions qui sont :

1° La région iliaque, ou fosse iliaque externe ;

2° La cavité cotyloïdienne ;

3° La région ischio-pubienne.

La fosse iliaque externe présente dans sa partie moyenne une concavité profonde, au lieu d'être légèrement concave comme celle du spécimen décrit par les auteurs dont nous venons de parler. Nous avons observé sur cette face une ligne transversale qui est signalée par MM. Boyd Dawkins et Ayshford Sandford ; mais sur notre spécimen cette ligne est à peine accusée. La plus grande longueur comprise entre l'épine iliaque antérieure et supérieure et le bord antérieur de la cavité cotyloïde est sur nos squelettes de

Lion. . . . .   0^m,154
Tigre. . . . .   0^m,159
Felis spelæa. . . . .   0^m,189

La plus grande largeur de la fosse iliaque externe entre l'épine iliaque antérieure et supérieure et le point le plus saillant en arrière de la crête iliaque est la suivante :

Lion. . . . .   0^m,070
Tigre. . . . .   0^m,072
Felis spelæa. . . . .   0^m,086

La cavité cotyloïde est dirigée obliquement de haut en bas et de dehors en dedans chez le fossile comme chez les grands *Felis* actuels.

La cavité cotyloïde nous a paru proportionnellement plus profonde chez le Tigre que chez le Lion. Sous ce rapport, le *Felis spelæa* est analogue au Lion. Voici les principales dimen-sions de cette cavité :

Plus grande hauteur de la cavité cotyloïde.

Lion.	Tigre.	*Felis spelæa*.
0^m,045	0^m,050	0^m,057

Plus grande largeur de la cavité cotyloïde.

Lion.	Tigre.	*Felis spelæa*.
0^m,042	0^m,046	0^m,050

La région ischiatique présente dans la portion moyenne le trou ovale qui affecte en général chez le Tigre une forme presque triangulaire, tandis que sur les bassins de Lion il est plus franchement ovale (1), à grand diamètre antéro-postérieur et extrémité postérieure élargie. Le bassin de *Felis spelæa* ressemble sous ce rapport à celui du Lion.

(1) Nous avons pu vérifier la constance de ce caractère sur les squelettes qui figurent au Muséum d'histoire naturelle de Paris dans les galeries d'anatomie.

Voici les dimensions du trou ovale mesurées sur les squelettes dont nous avons pu disposer :

	Lion.	Tigre.	*Felis spelœa.*
Diamètre antéro-postérieur....	0^m,068	0^m,060	0^m,083
Diamètre transversal.........	0^m,043	0^m,043	0^m,050

Le plus ordinairement la tubérosité ischiatique se relève en dehors chez le Lion, tandis que chez le Tigre elle est horizontale ou se porte en bas et en dehors, d'où il résulte, comme nous le verrons en étudiant le bord postérieur, une forme très-différente de cette portion du squelette chez le Lion et chez le Tigre.

La face interne du bassin ne présente aucun caractère distinctif dans les portions iliaque et cotyloïdienne, mais la surface qui est en arrière du trou ovale est plus large et plus étendue chez le Tigre que chez le Lion. Voici les résultats de nos mesures :

Moindre largeur de la portion osseuse comprise entre le bord postérieur du trou ovale et le bord postérieur du bassin.

Lion......... 0^m,0355 | Tigre.......... 0^m,510

Cette portion du bassin manque sur notre spécimen fossile.

Au-dessus du trou ovale et en arrière, la face interne présente chez le Tigre une gouttière profonde qui est à peine indiquée ou même n'existe pas chez le Lion et le *Felis spelœa*.

Bord supérieur. — Ce bord, étendu de l'épine iliaque antérieure et supérieure à la symphyse sacro-iliaque, est convexe dans sa moitié antérieure et droit dans le reste de son étendue. Il ne présente dans cette portion aucune différence chez le Lion, le Tigre et le fossile.

Bord postérieur. — Ce bord, compris entre la symphyse sacro-iliaque et la portion la plus reculée de l'ischion, se continue en avant avec le bord supérieur. Il présente au point où il s'unit à ce dernier une forme concave chez le Tigre, et devient droit ou légèrement convexe dans la région ischiatique, en même temps qu'il s'abaisse chez le Lion et le *Felis spelœa*. La concavité à l'union des deux bords est, dans la plupart des cas,

beaucoup moins prononcée, et la partie ischiatique est horizontale ou légèrement convexe et se porte en haut et en dehors à son
extrémité.

Bord antérieur. — D'après nos observations, le bord antérieur
présente certaines différences : il est presque droit sur les bassins
de Lion et convexe sur ceux de Tigre dans la portion iliaque. La
région pectinéale qui fait suite est ordinairement plus massive
et plus développée chez le Lion que chez le Tigre. L'éminence
ilio-pectinée est elle-même plus forte chez le Lion, d'où il résulte
que toute la partie du détroit supérieur du bassin comprise
entre l'éminence ilio-pectinée et la symphyse pubienne, présente une saillie plus marquée sur les bassins de Lion que sur
ceux de Tigre. Le bassin fossile de Lherm, comme celui qui a été
décrit par MM. Boyd Dawkins et Ayshford Sandford, est semblable, sous le rapport de la forme du bord antérieur, à celui
des Lions. Le bord inférieur est trop incomplet pour que nous
puissions le décrire.

D'après l'ensemble des caractères que nous venons d'exposer,
le bassin du grand Chat des cavernes est beaucoup plus analogue à celui du Lion qu'à celui du Tigre.

FÉMUR.

Nos fouilles ont amené la découverte de trois fémurs entiers
et de la moitié supérieure d'un quatrième. Les caractères
généraux de ces os sont, au point de vue des dimensions, analogues à ceux des os que nous avons décrits.

L'extrémité supérieure du fémur comprend la tête, le col et
les deux trochanters.

1° La tête du fémur est relativement plus volumineuse chez
le Tigre que chez le Lion. Sa forme diffère dans les deux animaux : elle est sensiblement sphérique dans le Lion et ovoïde
dans le Tigre. Effectivement, chez ce dernier, dans la portion
postérieure, on la voit se prolonger sur la face postérieure du
col, qui se trouve presque entièrement effacé ; elle arrive ainsi

jusqu'au bord de la cavité digitale. Chez le Lion, la surface articulaire s'étend moins vers la cavité digitale, dont elle est séparée par un col franchement accusé; à cet égard le *Felis spelæa* se rapproche plus du Lion que du Tigre.

Voici les dimensions de la tête du fémur mesurée sur les squelettes soumis à notre étude :

Plus grand diamètre de la tête du fémur.

Tigre....................	0,044
Lion n° 1...............	0,041
Lion n° 2 (sq.)...........	0,038
Felis spelæa n° 1..........	0,048
— n° 2..........	0,049
— n° 3..........	0,052

Col du fémur. — Le col du fémur présente deux faces : une antérieure, l'autre postérieure ; deux bords : l'un supérieur et l'autre inférieur. La face antérieure est plus large chez le Tigre que chez le Lion, ce qui contribue à donner au col du fémur un aspect différent chez les deux animaux. Chez le *Felis spelæa*, cette face ressemble à celle du Lion.

Face postérieure. — Nous avons dit, en décrivant la tête du fémur, qu'elle se prolonge à la partie postérieure et supérieure du col jusqu'au niveau de la cavité digitale chez le Tigre, tandis que chez le Lion il existe un espace considérable entre le bord supérieur de la tête et le bord interne de la cavité digitale. Cette dernière disposition existe aussi chez le *Felis spelæa*.

La face postérieure est beaucoup plus étendue dans le sens vertical chez le Tigre que chez le Lion. La cavité digitale ne présente pas la même forme chez ces deux animaux : elle est profonde et bien limitée chez le Lion, tandis que chez le Tigre elle est allongée, moins nettement limitée, moins profonde, et n'est pas creusée dans l'épaisseur du grand trochanter, comme cela a lieu dans le Lion. A tous ces points de vue, le *Felis spelæa* se rapproche du Lion.

Le bord supérieur du col est plus étendu dans les fémurs de

Lion que sur ceux de Tigre ; il est aussi plus concave en avant et en haut chez ce dernier.

Voici la plus grande longueur de ce bord :

Tigre..................... 0,019
Lion sq. 0,027
Lion n° 2 0,028
Felis spelæa n° 1.......... 0,029
—   n° 2.......... 0,029
—   n° 3.......... 0,029

Le bord supérieur du col est relativement moins long dans le *Felis spelæa* que dans le Lion ; sur l'un de nos spécimens il est concave en avant et en haut comme chez le Tigre.

Bord inférieur. — Ce bord, à son origine, semble se diriger plus transversalement en dehors chez le Lion que chez le Tigre, ce qui donne à la tête un aspect plus pédiculé chez le premier ; il se porte ensuite en bas et en dedans et se continue avec le bord interne du fémur au niveau du petit trochanter. La distance comprise entre le point où commence ce bord à la partie supérieure et celui où il rencontre le petit trochanter est plus grande chez le Tigre que chez le Lion.

Voici les dimensions de ce bord sur les fémurs de notre collection :

Tigre..................... 0,042
Lion n° 1................. 0,026
Lion n° 2................. 0,032
Felis spelæa n° 1.......... 0,035
—   n° 2.......... 0,036
—   n° 3.......... 0,039

Il résulte de ces chiffres que le *Felis spelæa* se rapproche encore des lions.

Grand trochanter. — Cette grosse apophyse présente une face externe et une face interne.

La face externe se subdivise en trois portions : l'une antérieure, l'autre postérieure, et la troisième directement externe. Cette face est plus oblique transversalement d'arrière en avant et de dehors en dedans sur le Tigre que sur le Lion. Chez le dernier de ces animaux, elle est franchement externe et a une direction verticale. Sous ce rapport, le *Felis spelæa* est semblable au Lion. La face qui nous occupe est limitée par un bord inférieur qui se réunit à la ligne âpre du fémur et aussi par un bord supérieur plus ou moins sinueux.

La région antérieure, de forme triangulaire, est proportionnellement plus épaisse et pourvue de facettes d'implantation musculaire plus accusée chez le *Felis* que chez le Lion ; chez le Tigre elle n'existe pour ainsi dire pas et constitue plutôt un bord épais qui se réunit à la face externe du grand trochanter.

La région postérieure est rectangulaire et se dirige obliquement de haut en bas et de dehors en dedans à la rencontre du petit trochanter ; cette face est proportionnellement plus étroite chez le *Felis* que chez le Lion ; chez le Tigre elle est plus longue, moins large et suit une direction moins oblique.

Bord inférieur. — Le bord inférieur de la face externe du grand trochanter, partant toujours de la ligne âpre du fémur, monte chez le Lion et le Tigre constamment en haut et en avant pour aller se continuer sans interruption avec le bord supérieur du col, suivant une ligne courbe de dehors en dedans, plus étendue transversalement chez le Lion que chez le Tigre. Cette disposition résulte de l'obliquité du grand trochanter que nous avons déjà signalée chez le Tigre. A cet égard, le *Felis spelæa* est conformé comme un Lion. Chez le *Felis*, issu toujours de la ligne âpre, le bord inférieur décrit des sinuosités qui s'arrêtent brusquement en avant à la limite externe du col.

Le bord supérieur présente deux apophyses : l'une antérieure, l'autre postérieure. Celle-ci est toujours la plus saillante ; mais cette saillie est très-forte, ainsi que le volume de l'apophyse postérieure chez le Lion et le Tigre, tandis que chez le fossile l'apophyse postérieure s'élève à peine au-dessus de l'antérieure. Sous ce dernier rapport le *Felis spelæa* ne ressemble ni au Lion, ni au Tigre ; chez ces derniers, le sommet du fémur est situé à un niveau inférieur à celui du point le plus élevé du bord supérieur du grand trochanter, tandis que dans le *Felis spelæa* le sommet de la tête et le sommet du grand trochanter sont sur la même ligne horizontale.

La face interne du grand trochanter est surtout occupée par la cavité digitale. Il reste toutefois, en haut et en arrière, une surface trochantérienne interne, lisse, creusée en gouttière chez le Lion et le *Felis*. Cette surface n'existe pas chez le Tigre. Le petit trochanter est plus volumineux et plus saillant chez le *Felis spelæa* que chez le Lion et chez le Tigre.

Le corps de l'os est, sauf le volume, sensiblement comparable pour la forme chez le Lion et le fossile.

La ligne âpre nous a paru moins saillante et moins étendue chez le *Felis spelæa* que chez le Lion et le Tigre ; on peut dire aussi qu'elle remonte plus haut chez le Tigre et chez le *Felis spelæa* que chez le Lion.

L'extrémité inférieure du fémur offre à étudier la poulie articulaire, les condyles et l'espace intercondylien.

La forme de la poulie articulaire est celle du rectangle chez le Lion, c'est-à-dire qu'elle se porte d'avant en arrière sans s'élargir ; elle s'élargit, au contraire, en arrière chez le Tigre et chez le fossile.

Les chiffres suivants donnent une idée des différences :

Largeur de la poulie au niveau de l'échancrure intercondylienne, en avant.

Tigre............	0,030
Lion v.	0,037
Lion n° 2...............	0,037
Felis spelæa............	0,040

Il nous a semblé utile de comparer la longueur antéro-postérieure de la poulie articulaire à sa plus grande largeur, chez le Lion, le Tigre et le *Felis spelæa*. Voici les résultats de nos mesures :

Longueur antéro-postérieure de la poulie.

Lion n° 1...............	0,055
Lion n° 2...............	0,047
Tigre.................	0,060
Felis spelæa............	0,075

Largeur de la poulie en arrière.

Felis spelœa................	0,048
Tigre....................	0,037
Lion nº 1...............	0,037
Lion nº 2...............	0,037

Le rapport de la longueur à la largeur (cette dernière étant prise pour unité) est le suivant :

Felis spelœa................	1,562
Tigre......	1,621
Lion nº 1...............	1,486
Lion nº 2...............	1,270

Il y a, comme on le voit, prépondérance de la longueur antéro-postérieure chez le Tigre et le *Felis spelœa*, d'où probablement indice d'un saut plus étendu chez le *Felis* que chez le Lion.

Nous avons peu de chose à remarquer sur chaque condyle ; toutefois nous avons observé chez le fossile une direction plus oblique du condyle interne en bas, en arrière et en dehors, au moment où il se détache de la poulie, et aussi une plus grande obliquité en arrière et en dehors du condyle externe vers la terminaison ; d'où résulte une plus grande largeur de l'extrémité inférieure du fémur chez le Tigre et le *Felis spelœa*.

En divisant le chiffre qui représente la largeur maximum de l'extrémité inférieure du fémur par celui qui représente la largeur de la poulie articulaire à sa partie supérieure, on obtient les rapports suivants :

Felis spelœa................	2,095
Tigre....................	2,354
Lion nº 1...............	1,894
Lion nº 2...............	1,945

Ces rapports, le premier surtout, indiquent une analogie marquée entre le Tigre et le *Felis spelœa*.

Rotule. — La rotule du *Felis spelœa* ne diffère de celle du Lion et du Tigre que par sa dimension plus considérable. Elle présente d'ailleurs chez ces deux derniers animaux une analogie de forme assez remarquable ; la seule différence que nous avons observée consiste dans la largeur un peu plus grande de la surface articulaire dans la rotule du Lion, disposition qui est en rapport avec la forme de l'espace intercondylien que nous avons signalée dans le paragraphe précédent. La rotule du *Felis spelœa* se rapproche, à cet égard, de celle du Tigre.

Voici les dimensions des rotules de *Felis spelœa* que nous possédons :

	Longueur maximum.	Largeur maximum.
Nᵒ 1	0,071	0,047
2	0,072	0,043
3	0,070	0,049
4	0,064	0,844

TIBIA.

Nous étudierons dans le tibia successivement l'extrémité supérieure, le corps et l'extrémité inférieure.

1° *Extrémité supérieure*. — Cette extrémité présente deux surfaces articulaires (cavités glénoïdes du tibia), séparées l'une de l'autre par une éminence osseuse appelée épine du tibia.

Les surfaces articulaires sont dirigées d'avant en arrière et plus larges dans le sens antéro-postérieur que dans le sens transversal.

Chez le Tigre, les surfaces sont obliques de haut en bas et d'arrière en avant et légèrement convexes dans le même sens, tandis que chez le Lion l'obliquité d'avant en arrière est moins considérable.

Cette disposition donne aux surfaces articulaires un aspect particulier qui permet de distinguer le tibia du Tigre de celui du Lion. Le tibia du fossile ressemble sous ce rapport au tibia du Lion ; toutefois, chez le premier, les surfaces articulaires sont mieux limitées et plus creus s.

Les épines du tibia et la gouttière à insertion, ligamenteuse, intermédiaire aux cavités glénoïdes, sont plus accusées chez le *Felis* que chez le Lion.

En avant de l'épine du tibia et des cavités glénoïdes, existe chez le Lion une surface rugueuse, criblée de trous vasculaires, limitée en dehors par un rebord saillant et oblique de haut en bas, d'arrière en avant et de dehors en dedans. Chez le Tigre. cette surface est beaucoup moins étendue, moins creuse et presque horizontale. Le *Felis spelæa* ressemble, à cet égard. au Lion.

Tubérosité antérieure. — Sur le tibia du Tigre, la tubérosité antérieure se continue supérieurement avec la tubérosité externe par un soulèvement non interrompu de l'os en forme de côte, inférieurement avec le bord antérieur ou crête du tibia par une sorte de bord très-épais.

Chez le Lion et le *Felis spelæa*, la continuité avec la tubérosité externe est interrompue et la continuité avec la crête du tibia est réduite à un bord assez épais. Cette particularité donne au tibia du fossile un aspect intermédiaire entre celui du Tigre et celui du Lion.

Au niveau de la facette péronière on voit aboutir le bord postéro-externe du corps de l'os, épais chez le Lion et le *Felis spelæa*, beaucoup plus tranchant chez le Tigre. Le bord de la tubérosité externe est, dans la portion qui correspond à la facette péronière, plus épais chez le *Felis spelæa* que chez le Lion. Le bord de cette tubérosité est plus déjeté en dehors chez ce dernier animal que chez le Tigre, ce qui contribue à faire paraître la partie supérieure de la face externe du tibia plus concave chez le Lion que chez le Tigre.

La tubérosité externe est proportionnellement plus étendue et se prolonge plus en avant vers la tubérosité antérieure dans le *Felis spelæa* que dans le Tigre et le Lion.

2° *Corps.* — Le corps du tibia présente trois faces et trois bords.

Nous avons cru observer que sur les tibias de Lion la direction de la face externe est un peu plus oblique de haut en bas et d'arrière en avant que sur les tibias de Tigre. Cette même face externe, dans sa portion supérieure, est plus concave chez le Lion que chez le Tigre. La saillie plus considérable des tubérosités externe et antérieure contribue à donner à l'os la forme que nous venons de décrire.

A tous ces points de vue, le tibia du *Felis spelæa* ressemble à celui du Lion.

Face interne. — La face interne présente un aspect différent chez le Lion et chez le Tigre ; elle est limitée en arrière chez le Lion par un bord concave dans son tiers supérieur, et droit ou convexe dans le reste de son étendue. Chez le Tigre, la concavité du bord postérieur est plus prononcée et se prolonge jusqu'au tiers inférieur de l'os.

La face interne est limitée en avant par un bord concave dans toute son étendue chez le Lion, et convexe dans les deux tiers supérieurs chez le Tigre. Sa forme chez le *Felis spelæa* est celle du Lion.

Le bord de la tubérosité interne du tibia se projette plus en dedans chez le Lion que chez le Tigre ; d'où il résulte que la partie supérieure de la face interne paraît plus excavée chez le premier de ces animaux que chez le second.

Face postérieure. — Cette face, limitée en haut par le bord postérieur du condyle, latéralement par les bords internes et externes de l'os, et en bas par le bord postérieur de l'extrémité inférieure, présente un aspect différent chez le Lion et le Tigre. Elle est beaucoup plus concave dans son tiers supérieur chez les deux animaux, mais la concavité est plus profonde et mieux circonscrite sur les tibias du Tigre que sur ceux du Lion ; ce qui tient en partie à ce que les condyles sont plus directement inclinés d'avant en arrière et de haut en bas chez le Tigre que chez le Lion. Les bords qui limitent latéralement la partie concave sont minces et presque tranchants chez le Tigre, plus épais chez le Lion. Sous tous ces rapports, le tibia du *Felis spelæa* ressemble à celui du Lion. Dans son tiers inférieur, la face postérieure nous a paru proportionnellement plus large chez le Tigre que chez le Lion. L'extrémité inférieure du tibia de Tigre est surtout proportionnellement plus grosse que celle du tibia de Lion. Sous ce dernier rapport, le *Felis spelæa* se rapproche du Tigre.

Bords. — Le bord antérieur du tibia considéré dans son ensemble est concave chez le Lion, tandis qu'il est convexe dans les deux tiers supérieurs sur les tibias de Tigre. On se rend parfaitement compte de cette différence au moyen d'un fil dont on fixe une extrémité sur le sommet de la tubérosité antérieure du tibia et l'autre sur le point où le bord antérieur aboutit à la malléole interne. Ce fil ne touche nulle part le bord antérieur du tibia chez le Lion, tandis qu'il le touche dans une partie de son tiers supérieur chez le Tigre. Le bord qui nous occupe est conformé chez le *Felis spelœa* comme chez le Lion.

Le bord interne du tibia est droit ou légèrement convexe dans presque toute son étendue chez le Lion et le *Felis spelœa*. Chez le Tigre, ce bord est concave dans les trois quarts supérieurs et légèrement convexe dans son quart inférieur. Le bord externe est plus concave dans sa portion supérieure dans le Tigre que dans le Lion et le fossile. Nous avons déjà dit que tous les bords du tibia du Tigre sont plus tranchants que ceux du Lion et du *Felis spelœa*.

3° *Extrémité inférieure.* — Ainsi que nous l'avons signalé plus haut, l'extrémité inférieure du tibia est proportionnellement plus volumineuse chez le Tigre et le *Felis spelœa* que chez le Lion. Les surfaces articulaires sont aussi proportionnellement plus étendues dans le sens antéro-postérieur chez le premier de ces animaux que chez le Lion. La portion interne de la surface astragalienne du Tigre est plus considérable dans le sens transversal que celle du Lion. Au point de vue de la forme et de l'étendue des surfaces articulaires, le fossile est analogue au Lion. Enfin, sur la partie postérieure du contour de l'extrémité inférieure, nous notons une pointe osseuse qui répond à l'extrémité postérieure de la saillie trochléenne de la surface articulaire. A partir de cette pointe osseuse, le contour monte insensiblement vers le sommet de la malléole interne chez le Lion, tandis que chez le *Felis spelœa* la partie semblable de ce contour est plus découpée et plus irrégulière. La portion du contour postérieur compris entre la pointe osseuse située en arrière de la surface articulaire interne et la surface articulaire du péroné est plus transversale dans le Tigre que dans le Lion. Le *Felis spelæa* est à cet égard semblable au Lion.

La portion antérieure du contour du Lion et du Tigre ne présente pas le même aspect. En effet, tandis que l'échancrure moyenne de ce contour est arrondie et semi-circulaire chez le Lion et le *Felis spelæa*, cette même portion chez le Tigre est plus étendue dans le sens transversal et se déjette plus en dehors que chez le Lion. Les portions correspondant à la malléole interne sont à peu près semblables dans les trois animaux. La malléole externe et la surface articulaire péronéale ne présentent rien de particulier.

Nous complétons les notions qui précèdent par l'exposé des principales dimensions des tibias de Lion, de Tigre et de *Felis spelæa*.

Plus grande longueur.

Felis spelæa.	Lion sq.	Lion v.	Tigre.
0,352	0,292	0,322	0,305

Largeur de l'extrémité supérieure.

Felis spelæa.	Lion sq.	Lion v.	Tigre.
0,095	0,080	0,080	0,077

Largeur de l'extrémité inférieure.

Felis spelæa.	Lion sq.	Lion v.	Tigre.
0,068	0,053	0,058	0,060

Rapports entre la plus grande longueur et la plus grande largeur de l'extrémité supérieure.

Felis spelæa.	Lion sq.	Lion v.	Tigre.
$\frac{352}{95} = 3{,}705$	$\frac{292}{80} = 3{,}627$	$\frac{322}{80} = 4{,}028$	$\frac{305}{77} = 3{,}961$

Rapports entre la longueur totale et la largeur de l'extrémité inférieure.

F. spelæa.	Lion sq.	Lion v.	Tigre.
5,147	5,509	5,551	5,083

PÉRONÉ.

Deux spécimens (côté droit) auxquels manque l'extrémité inférieure.

L'extrémité supérieure du péroné peut être nettement séparée chez le Lion du reste de l'os par un étranglement très-marqué, à 4 centimètres au-dessous de la pointe supérieure. Chez le *Felis spelœa*, cette séparation n'existe pas, la diminution de volume est graduelle de haut en bas. Nous considérons comme extrémité supérieure, chez le *Felis spelœa*, les 4 centimètres supérieurs de l'os.

I. Cette extrémité, aplatie de dehors en dedans, se déjette en dehors et un peu en arrière chez le *Felis spelœa*, tandis qu'elle reste dans le plan de l'os chez le Lion. Elle est constituée par un gros renflement ou tête, et, dans le reste de son étendue (jusqu'à atteindre la limite de 4 centimètres), par une portion plus étroite que nous nommerons col de la tête du péroné.

II. La tête est constituée à son tour par deux éminences : l'une antérieure, mamelonnée, plus forte chez le Lion, plus aplatie et plus grêle chez le *Felis spelœa*, où elle s'élève plus que chez le Lion, au-dessus de la deuxième éminence ou éminence postérieure.

III. Entre ces deux éminences, vues du côté interne, existe chez le Lion une gouttière verticale qui ne se retrouve pas chez le *Felis spelœa*.

IV. La deuxième portion ou col de l'extrémité supérieure présente trois faces : l'une postérieure, les deux autres antérieures, dont l'une externe, l'autre interne séparée par les bords correspondants, savoir : un antérieur et les deux autres postérieurs, dont l'un externe et l'autre interne.

Cet aplatissement plus marqué chez le Lion rend aussi les faces plus larges, les deux bords plus saillants que chez le *Felis spelœa*.

V. Le bord antérieur est la continuation du bord interne

du corps de l'os. Il commence chez le Lion à une tubérosité fort saillante, moins marquée chez le *Felis spelœa*, et de là s'élargissant en forme de triangle ; ce bord atteint la malléole externe. Ces détails sont surtout marqués chez le Lion.

Un trou existe à la face interne du col, bien plus haut chez le Lion que chez le *Felis spelœa*, où il est très-rapproché de la malléole ; rien à dire sur le bord postérieur du col.

VI. La malléole externe a deux faces, deux bords, une base, un sommet :

A. La face interne, articulaire en avant, rugueuse en arrière, ne présente aucun caractère particulier.

B. Rien à dire sur le bord antérieur postérieur, ni sur la base de la malléole.

Le péroné du Tigre est proportionnellement plus volumineux que celui du Lion ; son extrémité supérieure est creusée à sa face antéro-externe d'une gouttière profonde commençant au bord supérieur, et se prolongeant sur la face antérieure dans une étendue d'environ 2 centimètres. Cette disposition n'existe ni chez le Lion, ni chez le fossile. La face antéro-interne présente à sa portion médiane une sorte de gouttière séparant la tête de l'os d'un tubercule saillant, que nous avons déjà signalé en parlant de la face interne de la même portion osseuse chez le *Felis spelœa* ; pourtant, chez ce dernier animal, cette disposition est moins accusée que chez le Tigre. La face postérieure est élargie, beaucoup plus étendue transversalement que chez le Lion et le *Felis spelœa*. Le corps est plus volumineux et moins prismatique que chez le Lion. L'extrémité inférieure est plus forte chez le Tigre que chez le Lion et le fossile. Sur les sujets qui ont servi à notre étude, la gouttière des péroniers est profonde, et le tubercule qui la limite en dehors est plus détachée du corps de la malléole que chez le Lion et le *Felis spelœa*. La portion antérieure articulaire de la face interne est semblable chez le Lion et chez le Tigre ; la portion postérieure est plus concave chez le second de ces animaux que chez le premier.

A. La face antéro-externe présente chez le *Felis spelœa* une gouttière triangulaire à base supérieure, et dont le sommet s'effile très-longtemps sur la face externe de l'os. Chez le Lion, cette gouttière est une dépression ovoïde profonde, ayant un centimètre et demi d'étendue.

B. La face antéro-interne présente chez le *Felis spelæa* une sorte d'apophyse séparée de la tête de l'os par une échancrure proportionnelle, tandis que chez le Lion, ni cette apophyse, ni l'échancrure supérieure, n'existent.

C. La face postérieure est creusée d'une gouttière dans les deux os ; mais, à cause de l'apophyse décrite en B, cette gouttière est plus marquée chez le *Felis spelæa* que chez le Lion.

D. Les bords, véritables crêtes, n'offrent rien de bien différent.

VII. Le corps de l'os prismatique et triangulaire présente chez les deux animaux ce même système de bords et de faces qui viennent d'être indiqués ; mais la forme prismatique est plus marquée chez le *Felis spelæa*, et l'os conserve ici une forme plus pleine. Il s'aplatit davantage en lame de couteau chez le Lion, et les gouttières à insertion musculaire, les bords de l'os, véritables crêtes, contribuent à le distinguer encore de celui du *Felis spelæa*.

VIII. L'extrémité supérieure comprend la malléole externe et son col.

IX. Le col est aplati d'un côté à l'autre, et il n'y a plus qu'un bord antérieur et un bord postérieur.

ASTRAGALE.

L'astragale du *Felis spelæa* est plus volumineux que celui de nos plus grands Lions et de nos plus grands Tigres ; sa poulie se prolonge en avant sur la partie voisine de la face interne, sous forme d'une facette arthrodiale très-nettement accusée.

Le côté externe de la région tibiale de cet os s'incline d'abord de haut en bas, puis se relève horizontalement en forme d'oreille creuse supérieurement, tandis que sur les astragales de Lion le

ARTICLE N° 4.

côté externe de la région tibiale est moins creusé, et paraît plutôt simplement coupé de haut en bas et un peu de dehors en dedans.

L'astragale du *Felis spelæa* diffère de celui du Lion actuel, surtout par la face inférieure.

La surface inférieure offre à considérer : 1° le col; 2° les deux facettes calcanéennes, et la rainure qui les sépare l'une de l'autre.

Le col de l'astragale du Lion est proportionnellement plus long que celui du fossile. La facette calcanéenne antéro-interne est de forme trapézoïdale et convexe sur l'astragale du premier de ces animaux, plane et de forme triangulaire sur celui du second.

La rainure qui sépare les deux fossettes calcanéennes est large et peu profonde chez le Lion, plus étroite et plus profonde chez le *Felis spelæa*, ce qui tient aux bords correspondants des facettes calcanéennes qui s'avancent l'un vers l'autre. Cette rainure ligamenteuse est parallèle au grand diamètre de chacune des facettes calcanéennes sur l'astragale du Lion, et forme au contraire un angle très-appréciable avec le grand diamètre de ces facettes sur l'astragale fossile.

	Plus grande longueur de l'os d'avant en arrière.	Plus grande longueur du col.	Plus grande largeur transversale de l'os.	Plus grand diamètre de la tête.	Diamètre du col dans le sens transversal.
Nº 1....	0,076	0,019	0,066	0,044	0,029
2....	0,072	0,016	0,063	0,043	0,028
3....	0,075	0,017	0,062	0,043	0,030
4....	0,071	0,016	0,062	0,043	0,028
5....	0,071	0,016	0,062	0,040	0,030
6....	0,069	0,014	0,062	0,041	0,029
7....	0,070	0,014	0,059	0,040	0,028
8....	0,068	0,015	0,058	0,037	0,028
9.. .	0,067	0,013	0,056	0,037	0,025
10....	0,068	0,012	0,055	0,041	0,030
11....	0,066	0,012	0,055	0,039	0,032
12....	0,068	0,013	0,055	0,037	0,028
13....	0,068	0,013	0,056	cassée	
14....	0,066	0,013	0,052	0,037	0,027
Lion nº 1.	0,053	0,015	0,043	0,031	0,021
Lion nº 2.	0,048	0,014	0,037	0,030	0,020
Tigre.....	0,059	0,016	0,050	0,032	0,024

CALCANÉUM.

Le calcanéum du *Felis spelæa* nous a paru absolument semblable, sauf la dimension, au calcanéum du Lion. Voici les principales dimensions des spécimens que nous avons trouvés à
Lherm :

	Plus grande longueur de l'os.	Longueur de la saillie du talon mesurée sur le bord supérieur.	Longueur antéro-postérieure de la surface articulaire astragalienne.	Largeur maximum de l'os dans le sens transversal.
Nᵒ 1..............	0,131	0,068	0,067	0,050
2..............	0,132	0,066	0,072	0,050
3..............	0,132	0,068	0,068	0,050
4..............	0,124	0,064	0,064	0,045
5..............	0,125	0,065	0,065	0,045
6..............	0,132	(*)		

(*) Le bord supérieur de l'os est cassé.

CUBOÏDE.

Les faces *internes* inférieures sont très-usées sur ce spécimen ;
néanmoins certaines différences peuvent être constatées dans
l'ordre suivant :

Face supérieure. — Un peu concave ou au moins très-plane
chez le Lion, plutôt convexe sur le *Felis spelæa*. Le bord qui
sépare cette face supérieure de la face interne est rectiligne
d'avant en arrière chez le *Felis spelæa*, sinueux, découpé chez
le Lion.

Face inférieure. — Partagée en deux parties inégales par une
apophyse plus rapprochée du plan antérieur de l'os. Cette apophyse, très-forte dans le Lion, est emportée par l'usure chez
notre fossile, mais elle doit être moins forte sur l'os entier,
d'après le principe d'ostéographie, que la saillie des apophyses
est proportionnelle à la profondeur des gouttières qu'elles limi-

lent. Or la gouttière du tendon long péronier latéral, placée en avant de l'apophyse en question, est remarquablement large et profonde sur le cuboïde du Lion, étroite et beaucoup plus superficielle sur celui du *Felis spelœa*.

Face externe. — Elle n'existe réellement pas chez le Lion, car elle est occupée entièrement par la moitié postérieure de la gouttière du long péronier. Chez le *Felis spelœa*, elle s'étend en arrière, et surtout en avant de cette portion de gouttière qui s'y trace une dépression à peine sensible.

Face interne. — Elle est surtout remarquable chez le *Felis spelœa* par une surface articulaire qui se détache en relief de sa partie inférieure; surface triangulaire, concave d'avant en arrière, équilatérale, à base inférieure, à côtés concaves.

Chez le Lion, cette surface est oblongue de haut en bas, très-étroite en bas, à égale distance du plan antérieur comme du plan postérieur de l'os, et séparée de ces plans par une dépression profonde, régulière, oblongue.

Face postérieure articulaire, assez régulièrement quadrilatère. — L'angle inféro-externe est saillant, bien détaché chez le *Felis spelœa*, se continue insensiblement sur la face inférieure chez le Lion.

Face antérieure articulaire, généralement triangulaire. — L'angle inférieur est aigu sur l'os du Lion, arrondi sur celui du *Felis spelœa*. Le côté interne du triangle, direct de haut en bas chez le Lion, décrit une sinuosité concave en dedans chez le *Felis spelœa*.

TROISIÈME CUNÉIFORME.

Nous considérerons dans cet os cinq faces et une extrémité :

La *face antérieure* est proportionnellement plus volumineuse chez le Lion que chez le *Felis spelœa*. Sa dimension absolue, quoique supérieure sur le cunéiforme du *Felis spelœa*, diffère peu chez les deux animaux; elle a la forme d'un losange. La diagonale qui unit le sommet de l'angle externe et supérieur à celui de l'angle interne et inférieur, est plus longue propor--

tionnellement chez le Lion que chez le *Felis spelæa*. Dans ce dernier, la face supérieure est généralement concave à sa partie moyenne, tandis qu'elle est convexe, surtout dans sa moitié inférieure, sur le cunéiforme du Lion.

La *face supérieure*, de forme triangulaire, est plus étendue d'avant en arrière, toute proportion gardée, sur l'os de Lion que sur celui de *Felis spelæa*. Sur ce dernier, elle représente les trois cinquièmes de la longueur maximum de l'os, et chez le Lion elle en représente environ la moitié.

La *face inférieure* est divisée en deux parties par un étranglement beaucoup plus prononcé sur le cuboïde du Lion que sur celui du *Felis spelæa ;* elle est plus concave chez le premier.

La *face externe* a la forme d'un trapèze ; la hauteur est presque la même, malgré la différence de grosseur de l'os dans le Lion que dans le *Felis spelæa*. Elle présente chez celui-ci trois cavités articulaires bien marquées : l'une sur le milieu du bord supérieur, l'autre à son angle antéro-inférieur ; la troisième, partant du milieu de la face externe, aboutit au bord externe de la face inférieure. On ne voit rien de pareil chez le Lion.

La *face interne* a la forme d'un rectangle ; elle est concave dans son milieu, et présente sur le milieu de son bord inférieur une échancrure plus large et plus profonde sur le fossile que sur le Lion.

La face supérieure est triangulaire, proportionnellement plus longue chez le *Felis spelæa* que chez le Lion ; concave d'avant en arrière, et proportionnellement plus étendue de dehors en dedans sur le cunéiforme de Lion que sur celui de *Felis spelæa*.

Enfin l'*extrémité* séparée du corps de l'os, dont elle est le prolongement en arrière, par un col assez étroit chez le Lion, plus volumineux chez le *Felis spelæa*, se termine par une tubérosité rugueuse beaucoup plus forte sur ce dernier que sur le cunéiforme du Lion.

ARTICLE N° 4.

CINQUIÈME MÉTATARSIEN.

Quatre spécimens, trois droits et un gauche.

L'extrémité supérieure est taillée en biseau, obliquement de haut en bas et en dedans.

I. Le bord supérieur, plus mince sur le métacarpien de Lion que sur celui de *Felis spelæa*, est divisé en deux parties inégales par une rainure peu profonde. Chez le *Felis spelæa*, une de ces deux parties, qui est antérieure, est relativement plus étendue que chez le Lion.

II. L'angle externe ou antérieur de ce bord supérieur présente en avant une surface rugueuse de forme irrégulièrement arrondie. Cette facette est aussi étendue sur les os du Lion que sur ceux de *Felis spelæa*, malgré la différence qui existe dans leurs dimensions.

III. Au-dessous de l'angle interne ou postérieur existe une facette articulaire, de forme ovale, plus large en bas qu'en haut, dont les dimensions chez le fossile sont très-supérieures à celles du Lion. Cette facette s'articule avec le bord supérieur externe du quatrième métatarsien.

IV. La face interne de l'extrémité supérieure du cinquième métatarsien présente deux éminences séparées par une gorge analogue à celle d'une poulie, dans laquelle s'engage le bord supérieur et externe du quatrième métatarsien. La partie située au-dessus de cette gorge s'articule avec le cuboïde dans la majeure partie de son étendue. Cette gorge est relativement plus profonde, et moins large chez le Lion que chez le *Felis spelæa ;* elle est séparée de la facette articulaire décrite au § III par une petite cavité rugueuse qui existe sur le *Felis spelæa* comme sur le Lion, mais qui présente plus de profondeur chez le premier que chez le deuxième.

V. Au-dessous de la gorge on observe, chez le *Felis spelæa*, une surface rugueuse, qui occupe presque toute la largeur de la face supérieure du corps de l'os, dans une étendue d'environ 2 centimètres et qui n'existe pas sur le métacarpien de Lion.

VI. Le corps de l'os du Lion présente la forme d'un prisme triangulaire dont le bord interne est convexe de haut en bas et de dedans en dehors. Le bord externe est concave, le bord inférieur est moins saillant, mais très-visible jusqu'à la tête inférieure de l'os.

Le bord interne et le bord externes sont bien accusés dans la partie supérieure du corps de l'os de *Felis spelœa*, mais ils disparaissent presque dans la partie inférieure, où le corps n'a plus réellement que deux faces.

VII. Chez le Lion, la partie inférieure du corps du cinquième métatarsien, à un centimètre au-dessus de la tête, est très-étranglé, ce qui n'a pas lieu chez le *Felis spelœa*.

Le bord inférieur n'existe pour ainsi dire pas dans ce dernier.

VIII. La tête inférieure de l'os ne présente pas, sauf dans les dimensions, de différence avec celle du *Felis spelœa*.

L'apophyse supérieure qui limite la gorge inférieure en haut divise la tête de l'os en deux parties sensiblement égales dans le *Felis spelœa* et très-inégales dans le Lion; chez ce dernier, la portion qui est postérieure à l'apophyse est beaucoup plus étendue que celle qui est antérieure ou supérieure; la gorge est beaucoup plus profonde dans le Lion que dans le *Felis spelœa*.

Sur la face antérieure et supérieure de l'os, et au-dessous de la tubérosité qui forme l'angle supérieur et antérieur, est une cavité bien marquée chez le *Felis spelœa*, et à peine apparente chez le Lion.

Cinquième métatarsien.

	Plus grande longueur de l'os.	Plus grande épaisseur de l'extrémité supérieure dans le sens antéro-postérieur.	Plus grande épaisseur de l'extrémité supérieure d'un côté à l'autre.	Plus grande épaisseur de l'extrémité supérieure dans le sens antéro-postérieur.	Plus grande épaisseur de l'extrémité inférieure d'un côté à l'autre.	Plus grande épaisseur du corps de l'os dans le sens antéro-postérieur à égale distance des extrémités.	Plus grande épaisseur du corps de l'os d'un côté à l'autre mesurée à égale distance des extrémités.
Felis spelœa.	0,140	0,023	0,031	0,024	0,024	0,016	0,016
N° 2 . . .	0,143	0,023	0,029	0,024	0,025	0,017	0,016
3 . .	0,145	0,023	0,033	0,024	0,025	0,019	0,016
4 . . .	0,143	0,023	0,029	0,025	0,024	0,017	0,016
5 . . .	0,140	0,022	0,032	0,024	0,024	0,017	0,015
6 . . .	. . . . .	. . . . .	. . . . .	0,023	0,023	0,016	0,015
7 . . .	. . . . .	0,024	0,029				
Lion. . . .	0,110	. . . . .	0,019	. . . . .	0,018	0,017	0,017
Tigre. . .	0,108	. . . . .	0,022	. . . . .	0,019	0,011	0,011

QUATRIÈME MÉTATARSIEN.

Six spécimens, trois droits et trois gauches.

I. La surface articulaire supérieure est généralement convexe, mais elle est onduleuse dans sa courbe chez le Lion, plus plane chez le fossile.

II. Le rebord externe de cette surface représente chez le *Felis spelœa* une *S* italique largement tracée, à ventre postérieur plus considérable que l'antérieur : on voit nettement cette portion de la courbe du rebord articulaire venir former la limite postérieure de la surface articulaire postérieure. Sur l'os du Lion, l'*S* italique est plus droite, moins bien dessinée, terminée très-vaguement en arrière.

III. En suivant le côté interne du pourtour de la surface articulaire supérieure, on s'aperçoit qu'il est parallèle au côté externe du pourtour sur le *Felis spelœa*, non parallèle à ce côté externe sur le Lion ; en sorte que chez le *Felis spelœa* les rebords interne et externe sont alternativement, l'un concave et l'autre convexe dans le même sens, tandis que chez le Lion, les rebords interne et externe de la surface articulaire supérieure sont alternativement, l'un concave et l'autre convexe, mais en sens contraire.

IV. Le rebord antérieur de cette surface articulaire supérieure est oblique d'arrière en avant et de dehors en dedans dans le *Felis spelœa* ; chez le Lion, ce rebord antérieur, un peu oblique, se rapproche de la direction transversale.

V. Il résulte de cette description que la surface articulaire supérieure est généralement quadrangulaire, aussi large en avant qu'en arrière chez le *Felis spelœa*, quadrangulaire, plus large en avant qu'en arrière, chez le Lion.

VI. L'angle antérieur externe et l'angle postérieur interne sont occupés par deux apophyses, épaisses, mamelonnées sur le *Felis spelœa*, pointues sur l'apophyse de Lion, où elles n'ont pas la même grandeur proportionnelle.

VII. La face interne du quatrième métatarsien est sillonnée par une gouttière verticale profonde chez l'un et l'autre animal ; mais celle du *Felis spelœa* est plus étroite que celle du Lion.

VIII. La face externe du quatrième métatarsien est très-remarquable. Sur le fossile, nous voyons un rebord articulaire large verticalement d'un demi-centimètre environ, lequel domine une cavité digitale profonde. Ce rebord articulaire est semi-lunaire à concavité inférieure. Il est divisé, à l'union de son tiers postérieur avec ses deux tiers antérieurs, par une crête verticale très-peu visible. L'extrémité antérieure et postérieure de ce bord aboutissent à deux crêtes apophysaires correspondantes : l'une antérieure, l'autre postérieure. Sur le métatarsien de Lion, ce rebord articulaire est large verticalement de 7 à 8 millimètres ; il est semi-lunaire à concavité inférieure, mais il est divisé vers le milieu (et même plus près du plan antérieur) par une crête verticale très-saillante.

Enfin, la cavité digitale paraît être profonde parce que les deux crêtes apophysaires antérieure et postérieure s'avancent plus en dehors vers le cinquième métatarsien et augmentent d'autant l'anfractuosité digitale.

IX. Le corps de l'os est prismatique, quadrangulaire en haut chez les deux animaux, mais celui du *Felis spelœa* devient cylindrique à mesure qu'on se rapproche de la tête, tandis que celui du Lion reste prismatique.

Différence bien remarquable parce qu'elle s'est déjà trouvée sur le cinquième métatarsien ; le corps va diminuant de volume vers la tête sur l'os de Lion, tandis qu'il reste égal de haut en bas sur l'os fossile.

Quatrième métatarsien.

	Longueur emaximum de l'os.	Largeur de l'extrémité supérieure dans le sens antéro-postérieur.	Largeur de l'extrémité supérieure d'un côté à l'autre.	Largeur de l'extrémité supérieure dans le sens antéro-postérieur.	Largeur de l'extrémité supérieure d'un côté à l'autre.	Épaisseur du corps dans le sens antéro-postérieur mesurée à égale distance des extrémités.	Épaisseur du corps d'un côté à l'autre mesurée à égale distance des extrémités.
Felis spelœa.	0,161	0,038	0,025	0,026	0,029	0,021	0,021
N° 2...	0,157	0,039	0,026	0,027	0,026	0,020	0,021
3...	0,155	0,039	0,029	0,027	0,026	0,019	0,021
4...	0,154	0,039	0,028	0,028	0,028	0,020	0,021
5...	0,152	0,039	0,030	0,027	0,026	0,021	0,021
6...	0,144	0,036	0,025	0,026	0,025	0,020	0,019
7...	0,157	0,040	0,030	0,026	0,027	0,021	0,021
Lion....	0,130	.....	0,021	.....	0,021	0,015	0,015
Tigre...	0,122	.....	0,024	.....	0,021	0,014	0,015

TROISIÈME MÉTATARSIEN.

Quatre spécimens, trois droits, un gauche.

1. La surface articulaire supérieure a la forme d'un T qui, d'avant en arrière chez le *Felis spelœa*, mesure 38 à 39 millimètres, et chez le Lion mesure 33 millimètres. La différence porte sur la portion antérieure ou transversale du T, car la branche postérieure ou longitudinale mesure 22 millimètres chez le *Felis spelœa*, et 21 millimètres chez le Lion, et se trouve donc à peu près à égale distance dans les deux cas.

II. Il existe sur la portion interne de la surface articulaire supérieure une couche étroite et bien marquée sur le métatarsien de Lion, tandis que sur celui de *Felis spelœa* il y a une concavité plus douce.

III. L'extrémité postérieure de la surface articulaire supérieure est plus pointue chez le Lion que chez le *Felis spelœa*, cela tient à ce que sur le premier la surface articulaire du deuxième métatarsien empiète sur la face supérieure, tandis qu'elle reste parfaitement latérale interne sur le second.

IV. Au côté interne de l'extrémité supérieure du troisième métatarsien, entre les deux facettes réservées au deuxième métatarsien, il y a une gouttière large, profonde destinée à des ligaments.

Or, chez le *Felis spelœa*, cette gouttière est généralement divisée en deux par une crête verticale ; chez le Lion, cette division n'existe pas.

V. Ces deux surfaces destinées au deuxième métatarsien sont : la postérieure à grand diamètre antéro-postérieur, l'antérieure à grand diamètre vertical dans le *Felis spelœa*, en sorte que la surface antérieure descend notablement au-dessous de la postérieure. Dans l'os de Lion, ces deux surfaces restent de niveau, et cela tient à ce que l'antérieure n'a pas, à proprement parler, de plus grand diamètre dans aucun sens.

VI. Le côté externe est remarquable chez les deux animaux par une large excavation ligamenteuse surmontée par un rebord qui est articulaire en avant, puis en arrière. Au-dessous de la partie moyenne de ce rebord, ou mieux encore à la région la plus élevée de l'excavation ligamenteuse, on remarque sur le *Felis spelœa* un trou constant, dont l'absence est également constante sur le Lion.

VII. Au-dessous de l'apophyse postérieure dont nous avons déjà étudié les caractères comparatifs, nous trouvons une sorte de bord épais et rugueux qui descend sur le corps de l'os : c'est là, chez le Lion, l'origine du bord postérieur qui assure au corps de l'os sa forme prismatique triangulaire. A un centimètre au-dessous de l'apophyse existe, chez lui, une petite tubérosité que l'on ne voit pas chez le fossile, où la partie inférieure à l'apophyse postérieure est plutôt une face qu'un bord ; mais en revanche, dans la majorité des os du *Felis*, on rencontre immédiatement au-dessous de la pointe apophysaire postérieure une légère excavation qui manque sur le Lion.

VIII. Le corps de l'os chez le Lion diminue toujours de haut en bas, comme pour les quatrième et cinquième métatarsiens, mais dans des proportions beaucoup moindres. Celui du *Felis spelœa* a toujours la forme d'un cylindre aplati d'avant en arrière. Chez le Lion, la forme prismatique domine surtout vers l'extrémité supérieure.

IX. L'extrémité inférieure (tête du troisième métatarsien) présente une disposition déjà plusieurs fois notée, à savoir, que la limite postérieure de la poulie articulaire est nettement indiquée et pourvue de deux trous chez le fossile, tandis que chez le Lion il y a absence de trou et de limite articulaire.

Troisième métatarsien.

	Plus grande longueur de l'os.	Plus grande épaisseur de l'extrémité supérieure dans le sens antéro-postérieur.	Plus grande épaisseur de l'extrémité supérieure d'un côté à l'autre.	Plus grande épaisseur de l'extrémité inférieure dans le sens antéro-postérieur.	Plus grande épaisseur de l'extrémité inférieure d'un côté à l'autre.	Plus grande épaisseur du corps de l'os dans le sens antéro-postérieur mesurée à égale distance des extrémités.	Plus grande épaisseur du corps de l'os d'un côté à l'autre mesurée à égale distance des extrémités.
Felis spelœa.	0,162	0,044	0,030	0,026	0,026	0,020	0,025
N° 2 . . .	0,159	0,042	0,030	0,027	0,032	0,020	0,024
3 . .	0,152	0,041	0,033	0,027	0,031	0,020	0,024
4 . . .	0,147	0,042	0,030	0,027	0,030	0,019	0,023
5 . . .	0,147	0,041	0,032	0,026	0,030	0,020	0,023
6 . . .	0,140	0.042	0,031	0,027	0,030	0,018	0,022
Lion. . . .	0,126	. . . . .	0,022	. . . . .	0,021	0,015	0,014
Tigre. . .	0,128	. . . . .	0,025	. . . . .	0,025	0.015	0,015

DEUXIÈME MÉTATARSIEN.

Cinq spécimens, quatre droits, un gauche.

L'extrémité articulaire supérieure a la forme d'un triangle, dont les trois angles sont deux antérieurs, l'un interne et l'autre externe, et le troisième postérieur ; l'angle interne est obtus. Les côtés antérieur et extérieur du triangle sont plus petits que le côté interne. Chez le Lion, le côté interne est aussi plus grand, mais la différence est moindre.

La surface articulaire est concave de dehors en dedans et d'avant en arrière.

Le bord antérieur présente, sur le métatarsien de Lion, la forme d'une arête assez vive. Celui du fossile présente en avant une surface unie sur la moitié interne et antérieure qu'on ne remarque pas chez le Lion, et, sur la moitié externe et anté-rieure, une coulisse bien prononcée, qui est à peine indiquée sur ce dernier.

Le bord externe présente aussi chez le *Felis spelæa* une surface unie de 2 millimètres environ de largeur, qui va de l'angle antérieur à l'angle postérieur ; rien de pareil n'a lieu sur l'os du Lion.

Le bord interne a la même forme chez les deux animaux. Il en est de même des trois angles.

Le corps de l'os du fossile et du Lion est prismatique et trian-gulaire ; il est courbé en forme d'S. La courbure est plus pro-noncée sur le côté interne et supérieur chez le *Felis spelæa* que chez le Lion.

Le corps de l'os du Lion présente, vers son tiers inférieur, une diminution de volume qu'on n'observe pas sur celui de *Felis spelæa* ; chez ce dernier, l'os est plus aplati dans son tiers inférieur que celui du Lion.

L'extrémité supérieure et interne du corps présente une sur-face triangulaire rugueuse, limitée en avant par l'angle anté-rieur de la partie supérieure de l'os, en arrière par l'angle pos-térieur, et en bas par une saillie osseuse qui, partant de l'angle antérieur, descend obliquement de haut en bas et d'avan en arrière et gagne le milieu de la face externe.

Au-dessous de l'angle postérieur de la surface articulaire est une apophyse rugueuse ; on voit sur le *Felis spelæa* un trou de forme arrondie ou ovale, assez profond, qui est à peine indiqué sur le Lion.

La face externe de l'os présente, à sa partie supérieure et au-dessous des angles antérieur et postérieur, deux facettes articulaires assez profondes et à rebords très-prononcés chez le *Felis spelæa*, moins profondes et limitées par des bords moins tranchants chez le Lion. Elles sont séparées, sur le premier, par une troisième facette située sur la partie médiane de la face supérieure et externe de l'os, facette qui n'existe pas sur le métatarsien de Lion.

Au-dessous de ces trois cavités, on voit une éminence plus saillante et plus prononcée sur le fossile que sur le Lion.

L'extrémité inférieure de l'os présente à la surface postérieure, au-dessous de la poulie articulaire, deux petits trous chez le *Felis spelæa*, qu'on n'observe pas chez le Lion.

Deuxième métatarsien.

	Plus grande longueur de l'os.	Plus grande épaisseur de l'extrémité supérieure dans le sens antéro-postérieur.	Plus grande épaisseur de l'extrémité supérieure d'un côté à l'autre.	Plus grande épaisseur de l'extrémité inférieure dans le sens antéro-postérieur.	Plus grande épaisseur de l'extrémité inférieure d'un côté à l'autre.	Plus grande épaisseur du corps de l'os dans le sens antéro-postérieur mesurée à égale distance des extrémités.	Plus grande épaisseur du corps de l'os d'un côté à l'autre mesurée à égale distance des extrémités.
Felis spelæa.	0,143	0,037	0,023	0,024	0,029	0,019	0,021
N° 2 . . .	0,135	0,032	0,020	0,023	0,026	0,016	0,018
3 . . .	0,131	0,035	0,023	0,025	0,027	0,017	0,021
4 . .	0,126	0,034	0,024	0,024	0,026	0,017	0,020
Lion. . . .	0,100	. . . . .	0,023	. . . . .	0,020	0,013	0,014
Tigre . . .	0,115	. . . . .	0,019	. . . . .	0,021	0,012	0,016

PHALANGES DU PIED.

Premières phalanges.

	Longueur maximum.	Largeur de l'extrémité antérieure mesurée d'un côté à l'autre.	Épaisseur de l'extrémité antérieure mesurée dans le sens vertical.	Largeur de l'extrémité postérieure mesurée d'un côté à l'autre.	Épaisseur de l'extrémité postérieure mesurée dans le sens vertical.	Largeur du corps mesurée d'un côté à l'autre au milieu.	Épaisseur du corps au milieu mesurée dans le sens vertical.
DEUXIÈME.							
Felis spelæa.	0,056	0,019	0,012	0,022	0,017.	0,018	0,016
Lion....	0,044	0,020	.....	0,014	.....	0,014	0,014
Tigre...	0,043	0,017	.....	0,015	.....	0,011	0,011
TROISIÈME.							
Felis spelæa.	0,067	0,022	0,014	0,028	0,020	0,022	0,017
Nº 2...	0,066	0,021	0,012	0,029	0,016	0,022	0,015
3...	0,064	0,021	0,012	0,026	0,017	0,020	0,016
4...	0,064	0,019	0,012	0,025	0,014	0,020	0,014
5...	0,063	0,020	0,012	0,027	0,018	0,021	0,015
6...	0,067	0,022	0,012	0,027	0,017	0,021	0,015
7...	0,065	0,022	0,013	0,028	0,017	0,023	0,016
8...	0,063	0,022	0,013	0,026	0,018	0,021	0,016
9...	0,062	0,021	0,012	0,026	0,016	0,022	0,015
10...	0,062	0,021	0,013	0,026	0,017	0,022	0,016
11...	0,061	0,021	0,012	0,026	0,017	0,022	0,016
12...	0,060	0,019	0,011	0,026	0,017	0,019	0,014
Lion....	0,050	0,021	.....	0,016	.....	0,016	0,012
Tigre...	0,053	0,020	.....	0,016	.....	0,015	0,011
QUATRIÈME.							
Felis spelæa.	0,055	0,020	0,012	0,022	0,019	0,017	0,016
Nº 2...	0,054	0,020	0,012	0,021	0,017	0,016	0,016
3...	0,054	0,019	0,012	0,023	0,018	0,016	0,015
4...	0,051	0,018	0,011	0,021	0,017	0,016	0,015
Lion....	0,048	0,020	.....	0,020	.....	0,015	0,012
Tigre...	0,051	0,020	.....	0,014	.....	0,014	0,011
CINQUIÈME.							
Felis spelæa.	0,052	0,017	0,011	0,024	0,018	0,015	0,013
Nº 2...	0,055	0,019	0,012	0,022	0,019	0,015	0,014
Lion....	0,042	0,017	.....	0,017	.....	0,011	0,011
Tigre...	0,043	0,017	.....	0,015	.....	0,011	0,011

ARTICLE Nº 4.

Secondes phalanges.

	Longueur maximum.	Largeur de l'extrémité antérieure mesurée d'un côté à l'autre.	Largeur de l'extrémité antérieure mesurée dans le sens vertical.	Largeur de l'extrémité postérieure mesurée d'un côté à l'autre.	Épaisseur de l'extrémité postérieure mesurée dans le sens vertical.	Largeur du corps au milieu mesurée d'un côté à l'autre.	Épaisseur du corps au milieu mesurée dans le sens vertical.
DEUXIÈME.							
Felis spelœa.	0,054	0,021	0,013	0,022	0,016	0,014	0,016
N° 2...	0,056	0,021	0,013	0,022	0,016	0,014	0,016
3...	0,053	0,021	0,012	0,023	0,016	0,014	0,015
4...	0,050	0,020	0,011	0,022	0,016	0,014	0,016
5...	0,050	0,020	0,011	0,021	0,015	0,013	0,014
Lion....	0,037	0,017	.....	0,015	.....	0,011	0,012
Tigre...	0,033	0,016	.....	0,015	.....	0,010	0,011
TROISIÈME.							
Felis spelœa.	0,050	0,021	0,012	0,024	0,017	0,015	0,015
N° 2...	0,052	0,021	0,015	0,023	0,017	0,014	0,016
3..	0,054	0,023	0,015	0,024	0,016	0,016	0,017
4...	0,051	0,022	0,013	0,023	0,015	0,016	0,017
5...	0,051	0,022	0,012	0,024	0,017	0,017	0,015
6...	0,050	0,020	0,012	0,021	0,014	0,015	0,015
7...	0,050	0,022	0,015	0,022	0,016	0,016	0,017
8...	0,050	0,022	0,013	0,020	0,016	0,016	0,017
Lion....	0,037	0,016	.....	0,015	.....	0,009	0,010
Tigre...	0,035	0,016	.....	0,014	.....	0,010	0,009
QUATRIÈME.							
Felis spelœa.	0,048	0,022	0,014	0,022	0,016	0,015	0,017
N° 2...	0,050	0,022	0,014	0,021	0,016	0,016	0,017
3...	0,047	0,022	0,013	0,022	0,016	0,016	0,017
Lion....	0,032	0,016	.....	0,016	.....	0,010	0,013
Tigre...	0,036	0,014	.....	0,015	.....	0,011	0,009
CINQUIÈME.							
Felis spelœa.	0,040	0,018	0,010	0,020	0,016	0,014	0,014
N° 2...	0,041	0,018	0,011	0,020	0,015	0,015	0,015
3...	0,044	0,020	0,011	0,020	0,015	0,016	0,015
Lion ..	0,028	0,015	...	0,014	.....	0,011	0,012
Tigre...	0,027	0,014	.....	0,014	.....	0,010	0,011

PHALANGES DE LA MAIN.

Premières phalanges.

	Longueur maximum.	Largeur de l'extrémité antérieure d'un côté à l'autre.	Épaisseur de l'extrémité antérieure dans le sens vertical au milieu de la poulie.	Largeur de l'extrémité postérieure d'un côté à l'autre.	Épaisseur de l'extrémité postérieure dans le sens vertical au milieu.	Largeur du corps au milieu mesurée d'un côté à l'autre.	Épaisseur au milieu du corps mesurée dans le sens vertical.
DEUXIÈME.							
Felis spelæa.	0,060	0,021	0,013	0,027	0,020	0 019	0,018
N° 2 ...	0,057	0,020	0,011	0,026	0,017	0,019	0,016
3. ..	0,055	0,021	0,012	0,024	0,019	0,019	0,016
4. ..	0,061	0,022	0,012	0,028	0,018	0,019	0,016
5. ..	0,057	0,021	0,011	0,025	0,019	0,020	0,016
6. ..	0,055	0,021	0,013	0,025	0,018	0,019	0,017
7. ..	0,056	0,019	0,012	0,025	0,017	0,016	0,015
Lion. ...	0,049	0,020	.....	0,016	.....	0,014	0,014
Tigre. ...	0,050	0,020	.....	0,014	.....	0,012	0,012
TROISIÈME.							
Felis spelæa.	0,073	0,021	0,016	0,029	0,018	0,020	0,017
N° 2. ..	0,072	0,022	0,015	0,030	0,018	0,021	0,017
3. ..	0,068	0,020	0,013	0,027	0,016	0,021	0,015
4. ..	0,068	0,020	0,013	0,027	0,016	0,019	0,016
5. ..	0,067	0,020	0,013	0,028	0,017	0,020	0,016
6. ..	0,068	0,021	0,012	0,028	0,017	0,019	0,016
7. ..	0,065	0,020	0,013	0,027	0,016	0,018	0,015
8. ..	0,067	0,020	0,013	0,028	0,017	0,019	0,015
9. ..	0,066	0,020	0,013	0,027	0,016	0,018	0,015
10. ..	0,066	0,020	0,013	0,027	0,015	0,017	0,015
Lion. ...	0,052	0,021	....	0,015	.....	0,011	0,018
Tigre. ..	0,052	0,020	.....	0,015	.....	0,015	0,012
QUATRIÈME.							
Felis spelæa.	0,068	,020	0,014	0,027	0,018	0,021	0,016
N° 2. ..	0,065	,021	0,013	0,028	0,018	0,021	0,016
3. ..	0,066	0,020	0,013	0,028	0,019	0,022	0,017
4. ..	0,058	0,021	0,012	0,026	0,020	0,020	0,016
5. ..	0,055	0,019	0,012	0,023	0,018	0,017	0,016
Lion. ...	0,048	0,020	....	0,015	....	0,015	0,012
Tigre. ...	0,057	0,023	....	0,016	.....	0,012	0,011
CINQUIÈME.							
Felis spelæa.	0,061	0,020	0,013	0,026	0,018	0,018	0,015
N° 2 ..	0,063	0,019	0,012	0,025	0,015	0,015	0,015
3. ..	0,064	0,020	0,015	0,027	0,017	0,020	0,015
4. ..	0,060	0,019	0,011	0,026	0,016	0,017	0,016
5. ..	0,061	0,020	0,014	0,025	0,020	0,017	0,015
6. ..	0,055	0,018	0,012	0,023	0,016	0,016	0,015
7. ..	0,056	0,020	0,013	0,024	0,015	0,016	0,014
8. ..	0,059	0,020	0,014	0,023	0,018	0,017	0,016
9. ..	0,056	0,019	0,013	0,024	0,018	0,016	0,015
10. ..	0,053	0,019	0,013	0,024	0,017	0,016	0,015
11. ..	0,053	0,018	0,012	0,023	0,016	0,016	0,015
Lion. ...	0,045	0,018	.....	0,013	.....	0,012	0,011
Tigre. ...	0,043	0,024	.....	0,015	.....	0,014	0,012

ARTICLE N° 4.

Deuxièmes phalanges.

	Longueur maximum.	Largeur de l'extrémité antérieure mesurée d'un côté à l'autre.	Épaisseur de l'extrémité antérieure mesurée dans le sens vertical.	Largeur de l'extrémité postérieure mesurée d'un côté à l'autre.	Épaisseur de l'extrémité postérieure mesurée dans le sens vertical.	Largeur du corps mesurée au milieu d'un côté à l'autre.	Épaisseur du corps mesurée au milieu dans le sens vertical.
DEUXIÈME.							
Felis spelæa.	0,044	0,019	0,011	0,021	0,015	0,016	0,014
N° 2...	0,046	0,019	0,011	0,021	0,016	0,016	0,014
3...	0,045	0,019	0,011	0,021	0,015	0,016	0,016
4...	0,045	0,021	0,011	0,023	0,015	0,016	0,016
Lion....	0,038	0,016	.....	0,018	.....	0,009	0,009
Tigre...	0,033	0,016	.....	0,015	.....	0,010	0,011
TROISIÈME.							
Felis spelæa.	0,045	0,021	0,013	0,024	0,016	0,017	0,016
N° 2...	0,045	0,021	0,013	0,024	0,016	0,017	0,015
3...	0,043	0,016	0,012	0,023	0,016	0,017	0,015
4...	0,043	0,021	0,013	0,022	0,016	0,016	0,016
5...	0,046	0,021	0,012	0,023	0,017	0,016	0,016
Lion....	0,040	0,015	.....	0,015	.....	0,009	0,010
Tigre...	0,035	0,016	.....	0,014	.....	0,010	0,009
QUATRIÈME.							
Felis spelæa.	0,043	0,021	0,013	0,021	0.018	0,017	0,016
N° 2...	0,043	0,021	0,013	0,022	0,018	0,017	0,015
3...	0,042	0,020	0,012	0,024	0,016	0,015	0,015
4...	0,045	0,020	0,012	0,022	(*)	0,017	0,018
5...	0,043	0,021	0,012	0,021	0,015	0,018	0,017
6...	0,042	0,022	0,012	0,022	0,017	0,017	0,016
7...	0,041	0,021	0,012	0,024	0,017	0,019	0,017
8...	0,042	0,020	0,012	0,020	0,016	0,015	0,017
9...	0,042	0,020	0,012	0,021	0,017	0,017	0,017
10...	0,040	0,020	0,012	0,022	0,017	0,017	0,015
11...	0,041	0,020	0,012	0,021	0,017	0,017	0,017
12...	0,042	0,020	0,012	0,021	0,016	0,017	0,015
Lion....	0,037	0,016	.....	0,015	.....	0,010	0,010
Tigre...	0,036	0,014	.....	0,015	.....	0,011	0,009
CINQUIÈME.							
Felis spelæa.	0,042	0,019	0,014	0,020	0,017	0,017	0,015
N° 2...	0,040	0,018	0,012	0,019	0,015	0,016	0,013
3...	0,036	0,017	0,011	0,019	0,013	0,015	0,011
4...	0,038	0,017	0,011	0,018	0,015	0,015	0,013
5...	0,037	0,017	0,011	0,017	0,014	0,014	0,013
Lion....	0,032	0,015	.....	0,016	.....	0,011	0,011
Tigre...	0,027	0,014	.....	0,014	.....	0,010	0,011

(*) Un peu altéré.

RÉSUMÉ ET CONCLUSION.

Il résulte de l'ensemble des faits exposés dans ce mémoire, que le grand Chat des cavernes présente, dans certaines parties de son squelette, des caractères absolument semblables à ceux des Lions actuels ; mais qu'il présente aussi, sur d'autres parties, des caractères qui le rapprochent incontestablement du Tigre.

Nous avons indiqué avec assez de détails les analogies et les différences qui existent entre la tête du *Felis spelœa* trouvée à Lherm et celle des grands *Felis* de l'époque actuelle, pour n'avoir pas besoin d'y revenir.

Les os des membres ressemblent plus, par leur forme et l'ensemble de leurs caractères, à ceux de Lion qu'à ceux de Tigre ; mais, comme l'avait observé Blainville, ils sont proportionnellement plus gros que ceux de nos Lions actuels, et se rapprochent de ceux du Tigre par le volume relativement plus grand de leurs extrémités. Le rapport entre la longueur des os et la largeur de leurs extrémités est analogue à celui qu'on observe pour les Tigres.

Nous avons d'ailleurs signalé à plusieurs reprises des caractères particuliers à l'espèce fossile.

Nous pensons, en conséquence, qu'il n'y a pas lieu de confondre le *Felis spelœa* avec le Lion actuel, et qu'il y a lieu de le considérer comme une espèce distincte, sous le nom de *Leo spelœus*.

EXPLICATION DES PLANCHES.

PLANCHE 1.

(Grandeur naturelle.)

Fig. 1. Crâne de *Felis spelœa*, vu de profil.

ab, longueur du maxillaire supérieur.

cd, largeur du maxillaire supérieur.

bd, hauteur du maxillaire supérieur.

e, point de rencontre du frontal et des pariétaux sur la crête sagittale. Ce point est marqué par une légère saillie sur les crânes de Lions.

ARTICLE N° 4.

PLANCHE 2.

(Grandeur naturelle.)

Fig. 1. Crâne de *Felis spelæa*, vu en dessus.

aa', plus grande largeur du museau.

bb', distance comprise entre la paroi interne d'un trou sous-orbitaire et celle du trou sous-orbitaire de l'autre côté.

cc', distance horizontale comprise entre les deux trous lacrymaux.

dd', distance horizontale comprise entre les apophyses orbito-malaires.

hh', distance comprise entre les sommets des apophyses postorbitaires.

ek, plus grande longueur du frontal sur la ligne médiane.

lh, distance comprise entre la suture fronto-naso-maxillaire et la pointe d'une apophyse postorbitaire.

gh, distance comprise entre la suture fronto-maxillaire et la pointe de l'apophyse postorbitaire du même côté.

PLANCHE 3.

(Grandeur naturelle.)

Fig. 1. Crâne de *Felis spelæa*, vu en dessous.

aa', distance qui sépare les trous palatins postérieurs.

PLANCHE 4.

(Grandeur naturelle.)

Fig. 1. Cavité encéphalique du *Felis spelæa* et cavité des sinus.

aa', cavité encéphalique.

b, sinus.

PLANCHE 5.

Fig. 1. Maxillaire inférieur de *Felis spelæa*. (Grandeur naturelle.)

1, face interne ; 2, face externe.

ac, bord inférieur.

bc, longueur de la symphyse.

dc, *fg*, largeur du maxillaire au-dessous de la troisième et au-dessous de la première molaire.

PLANCHE 6.

(Grandeur naturelle.)

Fig. 1. Maxillaire de *Felis spelœa*.

Fig. 2. Maxillaire de Lion.

On voit, en *a* sur la figure 1, et en *b* sur la figure 2, la différence de largeur du bord inférieur chez le Lion et le *Felis spelœa*.

Les figures 3, 4, 5 et 6 représentent, d'après la méthode de sir G. Busk, les rapports entre les longueurs et les largeurs des dents chez le Lion, le Tigre et le *Felis spelœa*.

Pour chacune des figures, le dessin placé en haut se rapporte au maxillaire supérieur, et le dessin situé au-dessous se rapporte au maxillaire inférieure.

PLANCHE 7.

(Grandeur naturelle.)

Fig. 1. Humérus de *Felis spelœa*.

Fig. 2. Humérus de Lion. On voit en *a* et *a'* la différence de dimension du trou artériel cubital.

PLANCHE 8.

(Grandeur naturelle.)

Fig. 1. Radius de *Felis spelœa*.

Fig. 2. Radius de Lion.

PLANCHE 9.

(Grandeur naturelle.)

Fig. 1. Cubitus de *Felis spelœa*.

Fig. 2. Cubitus de Lion.

On voit en *ab* et *a'b'* la différence de dimension de la petite cavité sigmoïde, et en *ac* et *a'c'* celle de la grande cavité chez les deux animaux.

L'extrémité supérieure du cubitus comprise entre la petite cavité sigmoïde et le sommet de l'olécrâne est proportionnellement plus étendue sur l'os fossile que sur celui de Lion.

On voit en *gf* et *g'f'* que la distance comprise entre le sommet de l'apophyse styloïde et la partie supérieure de la petite tête du cubitus n'est pas plus grande sur le cubitus de *Felis spelœa* que sur celui de Lion.

PLANCHE 10.

(Grandeur naturelle.)

Fig. 1. Métacarpiens, premières et deuxièmes phalanges de *Felis spelœa*.

Fig. 2. Métacarpiens, premières et deuxièmes phalanges de Lion.

ARTICLE N° 4.

PLANCHE 11.

(Grandeur naturelle.)

Fig. 1. Bassin de *Felis spelæa*.

PLANCHE 12.

(Grandeur naturelle.)

Fig. 1. Fémur de *Felis spelæa*.

Fig. 2. Fémur de Lion.

On voit en *ab* et *a'b'* que le grand trochanter se continue avec le bord externe de l'os par une ligne convexe chez le Lion et concave chez le fossile.

PLANCHE 13.

(Grandeur naturelle.)

Fig. 1 et 2. Extrémité supérieure de fémur de *Felis spelæa*.

Fig. 3 et 4. Extrémité supérieure de fémur de Lion.

En *a* et *a'*, on remarque la disposition très-différente de la ligne âpre du fémur dans sa portion supérieure. Car, tandis que chez le Lion, la ligne âpre, arrêtée au niveau du petit trochanter, se divise en deux branches, formant un V ouvert supérieu_rement allant rejoindre le bord supérieur et le bord inférieur externe du grand trochanter, cette division n'a pas lieu de la même manière chez le *Felis spelæa*. Elle se fait beaucoup au-dessus du petit trochanter, au niveau du bord inférieur du col, et les deux branches de division s'écartent l'une de l'autre en formant un angle presque droit.

Les figures 2 et 4 permettent d'apprécier la petitesse relative de la cavité digitale sur les fémurs fossiles, en même temps que la forme différente du grand trochanter.

PLANCHE 14.

(Grandeur naturelle.)

Fig. 1. Tibia de *Felis spelæa*.

Fig. 2. Tibia de Lion.

PLANCHE 15.

(Grandeur naturelle.)

Fig. 1. Calcanéum de *Felis spelæa*.

Fig. 2. Calcanéum de Lion.

Fig. 3. Rotule de *Felis spelæa*.

Fig. 4. Rotule de Lion.

Fig. 5. Cuboïde de *Felis spelæa*.

Fig. 6. Cuboïde de Lion.

Fig. 7. Pisiforme de *Felis spelæa*.

Fig. 8. Pisiforme de Lion.

Fig. 9 et 10. Péroné de *Felis spelæu*.

Fig. 11. Péroné de Lion.

PLANCHE 16.

(Grandeur naturelle.)

Fig. 1 et 2. Astragale de *Felis spelæa*.

Fig. 3 et 4. Astragale de Lion.

Fig. 5. Scaphoïdo-semilunaire de *Felis spelæo*.

Fig. 6. Scaphoïdo-semilunaire de Lion.

Les figures 1 et 4 représentent la face supérieure de l'astragale. On voit en $a\,c$ et en $a'c'$ la disposition différente du bord postérieur et l'étendue plus considérable de la surface articulaire sur l'astragale de *Felis spelæa*; en d et d', la forme différente de la tête et du col de l'astragale. Le col est plus long et moins épais proportionnellement sur l'astragale de Lion.

Fig. 2 et 5. Astragale, vu par sa face inférieure. On voit en ef et $e'f'$ la direction très-différente de la gouttière qui sépare les surfaces articulaires. On peut également apprécier la forme et la direction différente de ces surfaces articulaires chez le *Felis spelæa* et le Lion actuel.

PLANCHE 17.

(Grandeur naturelle.)

Fig. 1. Pied de *Felis spelæu*.